The Earthworms of Korea

지렁이 생태 도감

한국 생물 목록 34
CHECKLIST OF ORGANISMS IN KOREA

지렁이 생태 도감
The Earthworms of Korea

펴낸날 2023년 4월 21일
지은이 홍용

펴낸이 조영권
만든이 노인향
꾸민이 ALL contents group

펴낸곳 자연과생태
등록 2007년 11월 2일(제2022-000115호)
주소 경기도 파주시 광인사길 91, 2층
전화 031-955-1607 **팩스** 0503-8379-2657
이메일 econature@naver.com
블로그 blog.naver.com/econature

ISBN 979-11-6450-054-3 96490

The Earthworms of Korea

지렁이 생태 도감

글·사진 | 홍용

자연과생태

일러두기

- 학명과 국명, 분류 체계는 최근 발간된 논문을 근거로 실었다.
- 사진은 대부분 저자가 촬영했으며, 인용한 사진에는 제공자를 명기했다.
- 생태 특징은 자연에서 저자가 확인한 자료와 기존 논문을 바탕으로 정리했다.
- 형태 특징은 성체를 중심으로 설명했으며 필요한 경우 미성체, 준성체에 대한 내용을 덧붙였다.
- 형태 설명에서는 가급적 한글 용어를 썼으나 필요한 경우 영어 용어도 함께 수록했다.
- 표본 사진은 자연 상태 색상 그대로를 나타내고자 했다.

흙은 농사에서 매우 중요한 요소이다. 뿌리를 내리는 흙의 상태가 작물의 생육을 좌우하기 때문이다. 토양을 개량하고자 인위적으로 만든 퇴비나 비료 등을 사용한 땅에서는 반복적으로 첨가제를 써야 한다. 이런 땅에서 자란 작물은 면역력이 약하니 필연적으로 해충과 병에 취약할 수밖에 없고, 이를 방제하고자 약제를 살포해야 한다. 악순환이다.

건강한 토양에서 자라는 작물은 면역력이 강하다. 병해충이 발생해도 스스로 이를 방어할 수 있다. 면역력이 강한 사람이 병에 잘 걸리지 않는 것과 같은 이치다. 그렇다면 살충제 없이도 잘 자라는 작물, 그런 작물을 키워 내는 건강한 토양을 일구는 농부는 누구일까? 바로 "지구에서 가장 뛰어난 노동자"인 지렁이다.

그런데도 우리는 지렁이가 늘 가까이 있다는 사실조차 제대로 느끼지 못한다. 어쩌면 그 존재를 애써 무시하는 것인지도 모른다. 귀엽거나 예쁜 것과는 거리가 먼 생김새에 미끈거리는 긴 몸뚱이로 쭉쭉 흙 위를 기어가는 모양이 못마땅해서일 수도 있다.

지난 세월 산과 들, 농사짓는 현장에서 수없이 마주했던 지렁이에 관한 기록을 여기에 풀어놓고자 한다. 나는 그동안 우리나라에 사는 지렁이 100여 종을 새롭게 찾아내서 신종으로 발표했고, 필리핀, 라오스, 마다가스카르 등 외국에 사는 지렁이도 80종 이상 신종으로 기록했다. 그 과정에서 얻은 수많은 정보가 논문을 통한 학문적 기록으로만 남지 않길 바라며 이 책을 준비했으므로 누구나 쉽게 지렁이를 이해할 수 있도록 하는 데에 중점을 두었다. 그러니 이 책은 지렁이와 깊은 연을 맺어 온 내가 지렁이를 대신해 외치는 변명이자 호소라고도 할 만하다.

인류가 경작하며 땅에 쏟아 부은 비료와 농약은 결국 우리에게 되돌아온다. 자연의 역습을 피하고 황폐해진 땅을 살리려면 지렁이의 도움이 절실하다. 지렁이가 다칠까 봐 뜨거운 물도 살펴서 버렸던 우리 조상들의 지혜를 떠올려 볼 때다. 지렁이가 살아야 우리도 살 수 있다는 단순하고 명쾌한 사실은 지금도 유효하고 필요하기 때문이다.

2023년 4월
홍용

차례

지렁이 종류와 생김새

토양 속 생활

신비한 능력

인간과 지렁이

우리나라 지렁이

지구촌 특이한 지렁이

용어(형태) 설명

*본문에서 쓴 용어를 기준으로 했다.

강모(seta): 체벽에서 뻗어 나오며, 대개 몸 밖으로는 드러나지 않는 키틴질 털이다. 지렁이는 강모를 써서 이동한다.

강모선(setal line): 마디의 강모가 나는 위치

격막(septum): 마디와 마디를 나누는 가로 벽이다.

난소(ovary): 암생식기관. 신경조직 옆 13번 마디 체벽에 1쌍이 있다(왕지렁이).

등구멍(dorsal pore): 체내·외 환경을 연결하는 고리이자 숨구멍이다. 마디마다 등면에 털이 나는 선을 따라서 1개씩 있다.

등면(dorsum): 지렁이 윗면. 등구멍 등이 보인다.

마디(segment): 지렁이 몸은 격막으로 나뉜 마디가 연결되어 이루어진다.

미성체(aclitellate): 어린 지렁이를 가리킨다.

배면(ventrum): 지렁이 아랫면. 저장낭구멍과 암생식기, 숫생식기 등이 보인다.

사낭(gizzard): 내장기관 중 하나이며, 식도와 창자 사이에 있다.

생식돌기(genital papillae): 왕지렁이 일부 종에서 성적으로 성숙하면 나타나는 표시이다. 짝짓기하는 동안 상대 개체를 붙잡고 있을 때 나타나며, 동족을 인식하거나 같은 종 사이에서 잡종을 인식하는 표시로 쓰기도 한다.

생식표지(genital marking): 짝짓기할 때 나타나는 형태 특징이다.

성체(clitellate): 번식할 수 있을 만큼 다 자란 지렁이를 가리킨다. 성체가 되면 몸에 환대가 생긴다.

숫생식구멍(male pore): 숫생식기에 있는 구멍이다. 짝짓기할 때 이 구멍을 통해 암생식구멍으로 정자를 넣는다.

숫생식판(male disc, male field, male pad): 숫생식기가 판 형태로 나타난 것이다.

식도(esophagous): 내장기관 중 하나이며, 인두와 사낭 사이에 있다. 인두를 거치면서 분해된 먹이가 식도로 이동한다.

신관(nephridium): 배설 기관이다. 깔때기 모양이며, 각 마디와 연결된다.

알집(cocoon): 환대에서 분출된 물질이 공기 중에서 응고된 것이다. 알집에서 새끼가 빠져나오기까지는 보통 며칠에서 몇 주가 걸린다.

암생식구멍(female pore): 암생식기에 있는 구멍이다. 짝짓기할 때 이 구멍을 통해 숫생식구멍으로 정자를 받는다.

외부 숫생식기(male pore region): 숫생식구멍을 포함한 숫생식기 전체 부위를 뜻한다.

자웅동체(hermaphrodite): 지렁이는 한 몸에 암컷과 수컷의 생식기가 모두 있는 자웅동체 동물이다. 그러나 홀로 생식할 수는 없으며, 양성 동물처럼 두 개체가 만나서 짝짓기를 해야 한다.

저장낭(spermatheca): 상대 개체의 정액을 받아서 저장하는 기관이다. 깔때기 모양으로 몸 앞쪽 내벽 좌우에 쌍으로 있다. 대개 2~5쌍까지 있으며, 드물지만 없는 종도 있다.

저장낭구멍(spermathecal pore): 저장낭을 외부와 연결하는 구멍이다. 종에 따라 형태와 크기, 위치가 달라 종을 동정할 때 도움이 된다.

절간(intersegment): 마디와 마디 사이를 가리킨다.

정소(testis): 숫생식기관. 10~11번 마디에 1쌍이 있다(왕지렁이).

정소주머니(seminal vesicle): 정소를 감싸고 있는 기관이다.

준성체(semiclitellate): 미성체에서 성체로 넘어가는 단계이며, 미성체나 성체 시기에 비해 짧다. 이 시기에 환대 초기 모양이 나타난다.

창자(intestine): 내장기관 중 하나이며, 창자까지 온 먹이는 다양하게 분비되는 소화 효소의 작용으로 다시 분해된다.

항문(anus): 소화되고 남은 찌꺼기를 몸 밖으로 배출하는 마지막 기관이다.

혈관(blood vessel): 육상지렁이는 체벽 안쪽에 있는 수많은 모세혈관을 통해 산소를 들이마신다. 대부분 육상지렁이는 체벽 안에 혈관이 있다.

환대(clitellum): 몸 앞쪽 몇 마디에 걸쳐 있는 고리로, 번식할 수 있는 성체가 되었다는 표시다. 성체가 될 무렵이면 환대가 부풀어 오른다. 정액관과 알집을 채우는 점액질을 분비한다.

지렁이 종류와 생김새

••••

지렁이는 어떤 동물?

지렁이는 환형동물문(Annelida) 빈모강(Clitellata)에 속하는 토양동물로, 많은 마디로 이루어진 길쭉한 몸을 오므렸다 폈다 하면서 이동한다. 남극의 빙하 지대 같은 극한 기후 환경을 제외한 지구 거의 모든 환경에 산다. 지금도 매년 새로이 보고되는 종이 많다. 지리적으로도 무리(그룹)에 따라서 비교적 뚜렷하게 나뉘어 서식한다. 지렁이의 환경 적응력이 놀랄 만큼 뛰어나다는 것을 의미한다. 지렁이는 토양동물 중 생물량이 큰 편이어서 개체 수나 공간 점유율 측면에서 보면 토양에서 차지하는 비중이 높으며, 하는 역할도 매우 중요하다.

몸은 여러 마디가 이어져 길쭉하다.

찰스 다윈은 "지렁이는 지구에서 가장 뛰어난 노동자"라고 말했다. 많은 토양을 파고 뒤집으며, 굴을 만들어 토양의 구조 형성, 통기성, 배수를 원활하게 하는 공헌자이다. 지렁이는 배설물에 칼슘이 농축되어 있어서 산성 토양을 개량하는 데에도 관여한다. 다양한 유기물을 섭취하고 미생물과 상호 작용하면서 영양 물질의 효율성을 높여 토양 내 질소와 탄소 재순환을 돕는다.

지렁이는 자웅동체(雌雄同體), 즉 한 몸에 암컷과 수컷의 생식기가 모두 있는 동물이다. 그러나 홀로 생식할 수는 없으며, 양성 동물처럼 두 개체가 만나서 짝짓기를 해야 한다. 짝짓기 뒤에 두 개체는 각각 알집을 생산한다. 알집에는 대부분 새끼가 1마리 들어 있지만 2마리가 들어 있는 경우도 있다. 낚시지렁이 종류에서는 몇 마리씩 있는 경우도 있는데, 줄지렁이에서는 많게는 10여 마리까지 들어 있기도 한다.

몸은 대체로 원통형이지만, 줄지렁이를 비롯해 낚시지렁이과에 속하는 종은 납작하다. 또한 몸은 격막(가로 벽)으로 나뉜 마디가 연결되어 길쭉하다. 대부분 격막은 얇지만, 종에 따라서는 굴을 팔 때 쓰는 머리 쪽 격막이 두껍고 근육이 발달하기도 한다. 첫째 마디를 제외한 나머지 마디에는 강모(털)가 있다.

종류

현재 전 세계에서 6,000종 이상이 보고되었고, 각 종의 개체 수는 상상할 수 없을 만큼 많다. 일부 고유종을 제외하면 지렁이 분포는 지리적 차이에 따라서 결정된다.

아시아 지역에는 지렁이과(Megascolecidae)와 염주위지렁이과(Moniligastridae) 종이 많다. 특히 동아시아에는 지렁이과 중에서도 왕지렁이 무리(Amynthas group), 인도에서 미얀마까지는 염주위지렁이 무리(Drawida group) 종이 많다. 유럽에는 낚시지렁이과(Lumbricidae)와 Hormogastridae에 속하는 종류가 많고 아프리카에는 고유 과인 Eudrilidae와 Acanthodrilidae, Microchaetidae 에 속하는 종이 주를 이룬다. 남아메리카에는 Glossoscolecidae와 Rhinodrilidae가 있고, 북아메리카에는 Acanthodrilidae와 Megascolecidae 에 속하는 종이 많다.

아프리카 대륙에서 약간 떨어진, 지구에서 네 번째로 큰 섬인 마다가스카르에 는 오직 이 지역에서만 발견되는 Kynotidae 무리가 있다. 오랜 세월 지리적 격 리를 겪으면서 고유 형질을 지닌 종으로 진화한 결과다. 이처럼 지렁이는 많은 종이 지리적 격리를 보이지만, 예외도 있어 한반도에 사는 왕지렁이 종류가 지 구 반대편 브라질에서 서식하기도 한다.

한편 지렁이는 화석화가 잘 진행되지 않아 화석으로 출현 시기를 가늠할 수는 없지만, 지렁이 굴의 흔적 같은 진화 증거에 따르면 중생대 백악기에도 존재했 을 것으로 본다. 지렁이의 조상은 약 540만 년 전에 활동한 해양성 다모류와 연체동물 등으로 추정하기도 한다.

육상지렁이, 갯지렁이, 거머리

사람들은 지렁이라고 하면 육상지렁이, 즉 땅에서 사는 종류를 떠올린다. 이들은 대개 털이 없어서 빈모류(Oligochaeta)라고 부른다. 그러나 지렁이라고 하면 바다에 사는 다모류(Polychaeta), 즉 털이 많은 갯지렁이 종류까지 포함한다. 지금까지 알려진 바로는 육상지렁이보다 갯지렁이가 3배 정도 더 많다. 환형동물의 또 다른 무리로 거머리(Hirudinea)가 있다. 따라서 이 셋(육상지렁이, 갯지렁이, 거머리)은 친척뻘이다.

육상지렁이 중에는 물속에 사는 종도 있다. 엄밀하게는 물속에 사는 것이 아니라 강이나 냇물 바닥의 모래나 진흙 속에서 산다. 염분이 있는 조간대(바닷물이 들어오고 나가는 지점)에 사는 종류도 있다.

강가에서 지렁이 찾기

갯지렁이. 강모가 뚜렷하다.

수서형 지렁이

17

애지렁이

육상지렁이와 형태가 크게 다른 지렁이도 있다. 몸 색깔은 흰색에 가까우며, 몸길이가 불과 몇 밀리미터에서 몇 센티미터밖에 되지 않는 애지렁이(Enchytraeidae) 종류다. 열대에서 극지방에 이르기까지 지구 어느 환경에서나 산다. 대개 유기물이 풍부한 숲과 초원의 토양을 선호하지만 건조한 암석에서도 발견되고, 풀이나 썩어 가는 나무줄기, 늪이나 호수, 바다의 바닥에서도 서식할 정도로 환경 적응력이 뛰어나다. 최대 서식 밀도는 $1m^2$당 30만 마리로 매우 높다. 주로 썩은 물질을 먹고 산다. 최근 들어 환경 오염 또는 자연 보호 측면에서 연구되고 있다. 지금까지 전 세계에 약 800종 이상이 기록되었다. 그러나 크기가 너무 작고 살아 있을 때 관찰해야 하는 어려운 점이 있어 분류학적으로 종을 식별하기가 매우 까다롭기에 아직 알려지지 않은 종이 더 많으리라 추측한다(Dózsa-Farkas, 2019).

우리나라에 사는 한국민털애지렁이는 백록담 분화구(동서남북 사면)를 포함해서 해발 1,300m 이상 고지대에서 주로 발견된다. 본문에 사진을 실은 한국민털애지렁이와 제주애지렁이는 2016년 한라산에서 채집했고, 2018년 저자와 동료가 신종으로 학계에 논문으로 보고한 한반도 고유종이다. 2019년에는 치악산과 계방산에서 발견한 2신종을 바탕으로 신속(열마디애지렁이속, *Decimodrilus*)을 보고했다.

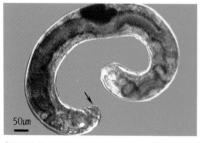
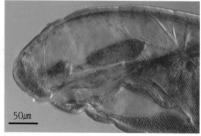

한국민털애지렁이(*Achaeta koreana*). 화살표 쪽이 머리다. ⓒ zootaxa

한국민털애지렁이 머리 확대 ⓒ zootaxa

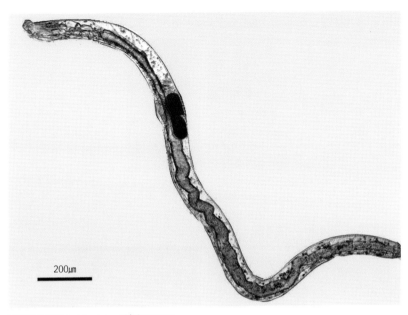

제주애지렁이(*Xetadrilus jejuensis*) ⓒ zootaxa

제주애지렁이 부위 확대

머리 ⓒ zootaxa

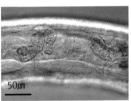

신관(환대 앞) ⓒ zootaxa

환대 ⓒ zootaxa

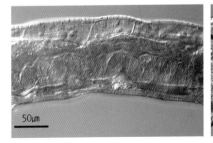

중장 ⓒ zootaxa

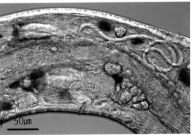

정액도관 ⓒ zootaxa

치악열마디애지렁이(*Decimodrilus diverticulatus*)

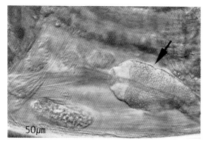

살아 있는 상태로 관찰한 저장낭 ⓒ zootaxa

부채꼴 강모 ⓒ zootaxa

한국민털애지렁이 서식지(백록담)

동쪽. 2016.06.09

서쪽. 2016.06.09

한반도 지렁이

한반도 지렁이는 세 무리로 나눈다. 산림에서 관찰되는 왕지렁이 무리, 농생태계에서 주로 발견되는 낚시지렁이 무리와 염주위지렁이 무리다. 염주위지렁이 무리의 일부 종은 산림에서만 발견되기도 한다.

세 무리 가운데 왕지렁이 무리에 속하는 종류가 가장 많으며, 특히 한반도에서만 발견되는 고유종이 많다. 낚시지렁이 무리는 대부분 유럽이 원산지인 외래종으로, 작물을 경작하고 사람들이 자주 오가는 비교적 메마른 땅에서 산다. 염주위지렁이 무리는 주로 습기가 많은 곳에서 발견되며 종에 따라서 선호하는 서식처가 뚜렷한 편이다. 한 장소에서 간혹 한꺼번에 수십 개체가 보이기도 한다.

갈색낚시지렁이
(낚시지렁이 무리)

참염주위지렁이
(염주위지렁이 무리)

외무늬지렁이
(왕지렁이 무리)

03

외부 구조

지렁이는 다른 동물에는 없는 환대(環帶, clitellum)가 있다. 환대는 머리가 있는 쪽, 몸통 앞쪽 부위 마디에 있는 고리 모양 띠로 종류에 따라서 생김새와 위치가 다르다. 마디 전체를 둥그렇게 감싸는 종류가 있고, 배 쪽에서 고리가 끊어진 종류도 있다.

지렁이는 뼈가 없으며 근육이 몸을 지탱한다. 곤충은 체내 수분 증발을 최소화해 주는 큐티클층(외골격)이 있지만 지렁이 피부에는 그런 장치가 없어서 작은 충격에도 쉽게 상처를 입는다.

눈으로 보아도 털이 없는 것 같고 손으로 만져 보아도 털의 감촉을 느낄 수 없지만 첫 마디를 제외한 모든 마디에 털(강모)이 있다. 마디마다 몇 개에서부터(낚시지렁이와 염주위지렁이는 8개), 많게는 100개 이상(왕지렁이) 있다. 간혹 종을 구별할 때 털의 위치나 모양을 참고하기도 한다.

눈, 귀, 코도 없다. 일생 대부분을 토양 속에서 생활하기 때문에 감각기관이 퇴화했다. 촉각으로 위험을 인지하고 필요한 것을 찾는다. 입은 첫 마디에 있고 항문은 끝 마디에 있다. 입으로 먹은 음식물은 기다란 장을 통과해 항문으로 배출된다.

몸속에는 번식에 필요한 생식기관이 있으며 한 개체의 몸에 암컷과 수컷 생식기가 다 있다. 우리나라 산림에 가장 많이 서식하는 왕지렁이 무리는 14번 마디에 암생식기, 18번 마디에 숫생식기가 있고, 농생태계에 주로 서식하는 낚시지렁이 무리는 14번 마디에 암생식기, 15번 마디에 숫생식기가 있다. 특히 왕지렁이 무리는 숫생식기 생김새가 다양해서 종을 구별할 때에 유용하다.

지리산지렁이 외부기관

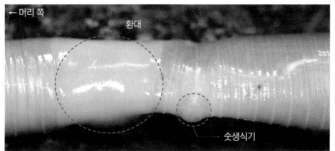

← 머리 쪽

환대

숫생식기

등 쪽에서 본
환대와 숫생식기

저장낭구멍

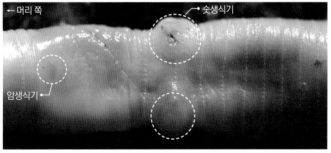

← 머리 쪽

숫생식기

암생식기

숫생식기와
암생식기

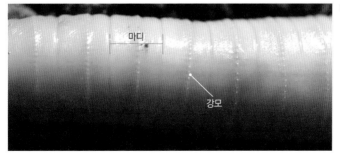

마디

강모

마디와 털

송민자지렁이 *Amynthas minjae* Hong, 2001

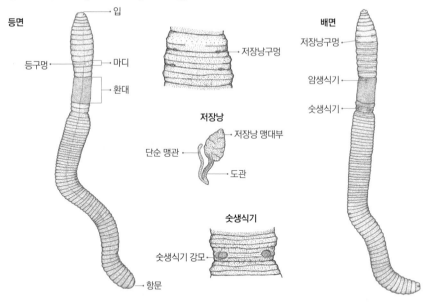

등면

입

등구멍

마디

환대

저장낭구멍

저장낭

저장낭 맹대부

단순 맹관

도관

숫생식기

숫생식기 강모

항문

배면

저장낭구멍

암생식기

숫생식기

팔공산지렁이 *Amynthas palgongensis* Hong, 2001

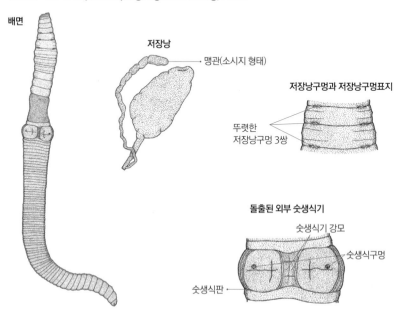

배면

저장낭

맹관(소시지 형태)

저장낭구멍과 저장낭구멍표지

뚜렷한
저장낭구멍 3쌍

돌출된 외부 숫생식기

숫생식기 강모

숫생식구멍

숫생식판

제주지렁이 *Metaphire quelparta* (Kobayashi, 1937)

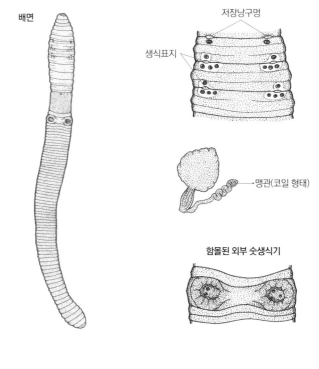

배면

저장낭구멍

생식표지

맹관(코일 형태)

함몰된 외부 숫생식기

환대

몸에 환대가 생겼다는 것은 번식할 수 있는 어른이 되었다는 의미다. 미성체가 짝짓기 가능한 성체가 되면, 몸 앞쪽 부위 몇 마디에 걸쳐 환대가 부풀어 오른다. 환대는 표피가 큰 세포 여러 개로 변형되어 생기며, 정액관과 알집(새끼 양육 및 보호 기관)을 채우는 점액질을 분비한다.

동일한 종에서 환대가 생기는 마디의 수나 자리는 일정하다. 왕지렁이 무리는 14~16번 마디 사이에 생기며 고리 모양이다. 즉 관이나 원형과 같은 모양의 띠가 등에서 배 쪽까지 길게 연결된다. 낚시지렁이 무리는 24~32번 마디 사이에 생기며, 모양이 왕지렁이보다 복잡하다. 등에서부터 측면까지 이어지다가 배 쪽은 끊긴다. 낚시지렁이 무리 중 일부는 환대가 말안장 모양이다.

미성체에서 성체로 넘어가는 중간 단계 개체는 준성체라고 하며, 이 시기에 환대가 생길 자리에 환대 초기 모양이 나타난다. 준성체 시기는 종류별로 다르고, 성체나 미성체 시기에 비해 짧다. 염주위지렁이 무리는 완전히 성숙해도 환대가 두툼하게 부풀지 않고, 주위 색깔보다 짙은 정도로 나타난다.

환형동물이란 말도 이 환대에서 유래했다. '환'자가 바로 고리 환(環)자다. 종에 따라 환대 생김새가 다르므로 환대만 잘 살펴도 지렁이 생김새의 절반을 본 것과 같다.

우리나라 지렁이 환대 비교

왕지렁이 무리　　　　　　낚시지렁이 무리　　　　　　염주위지렁이 무리

성체와 미성체 환대 비교

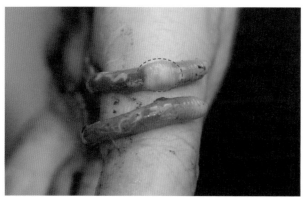

환대가 나타난 위쪽이 성체, 환대가 보이지 않는 아래쪽이 미성체이다.

환대 자리

왕지렁이 무리. 준성체 환대 자리. 부풀지 않고 밋밋하다.

왕지렁이 무리. 환대 자리가 생긴 초기 모양

낚시지렁이 무리. 환대 자리가 생긴 초기 모양

염주위지렁이 무리. 환대 자리가 생긴 초기 모양

작은 개체 환대

아무리 작은 개체도 성체가 되면 환대가 나타난다.

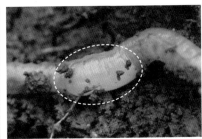

확대한 환대 모양

27

등 쪽과 배 쪽의 환대

등 쪽

배 쪽

환대와 생식기

환대와 연결된 생식기

짝짓기 직후 부풀어 오른 환대

정지 상태와 이동 시 환대 모양

붉은줄지렁이. 정지

붉은줄지렁이. 이동

배 쪽 환대 관찰

환대 끊어진 부위

환대가 완전히 원형으로 연결되지 않고 배 쪽에서 끊어진 모습이다. 이런 개체에서는 끊어진 환대 주변에 종을 구별하는 중요한 형질이 있다.

살아 있는 상태와 표본으로 만든 환대 비교

표본 전

표본 후

29

살아 있는 상태의 다양한 환대

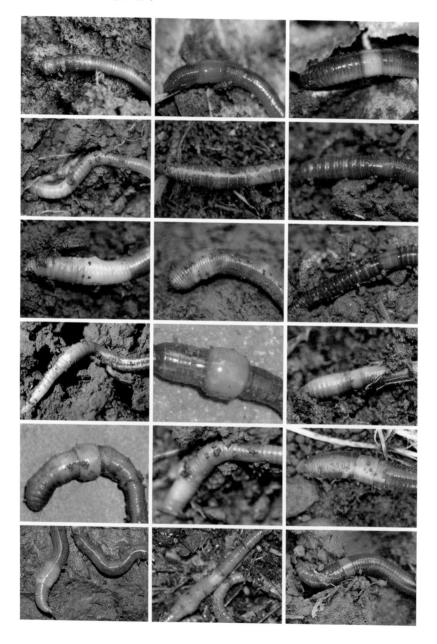

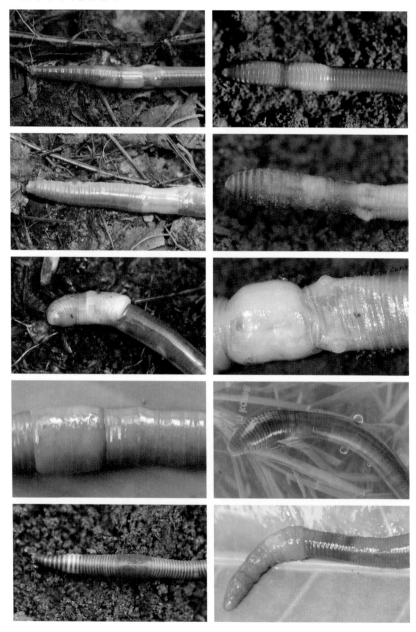

줄지렁이속 환대 현미경 비교

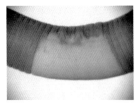
본낚시지렁이(*Eisenia japonica*)

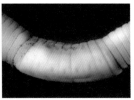
북줄지렁이(*Eisenia nordenskioldi*)

한국줄지렁이(*Eisenia koreana*)

한반도 낚시지렁이 무리 환대 현미경 비교

갈색낚시지렁이

Ocnerodrilus 종류

안장띠낚시지렁이.
환대가 배 쪽에서 연결되지 않고
절반만 덮여 있다.

입

몸통 맨 앞쪽, 첫 번째 마디에 있다. 등 쪽에서 앞으로 둥글게 튀어나온 부분으로 부드럽고 주름진 근육으로 이루어졌다. 너무 크거나 날카로운 물체는 입으로 거르고 소화할 수 없는 물질은 입에 넣지 않는다. 뼈가 없기 때문에 음식물을 잘게 부수는 이빨도 없다. 물건을 잡거나, 구멍 속으로 풀이나 낙엽 등을 끌어서 당길 때에도 입을 쓴다. 입은 쉴 때는 몸 입구를 막는 뚜껑 역할을 하며, 움직일 때는 촉각 역할을 한다. 입 형태는 무리에 따라서 다르지만, 한반도에 사는 종류는 모두 같다.

외무늬지렁이

똥지렁이

마다가스카르자이언트지렁이

이동할 때는 입 안쪽 근육이 나오면서 몸 전체가 앞으로
움직인다.

안쪽 근육이 튀어나온 모양

항문

입에서부터 몸 끝까지 연결되어 온 기다란 장의 마지막 부분이다. 입으로 섭취한 음식을 소화하고 남은 찌꺼기를 배출한다. 소화하고 흡수한 후에 장에서 필요 없는 물질을 밖으로 내보내야만 체내를 항상 일정하게 유지할 수 있다. 주의 깊게 관찰하면 가끔 항문에서 배설물, 즉 분변토가 나오는 것을 볼 수 있다. 항문 부위는 잘려도 곧바로 재생되어 원래 기능을 수행할 수 있다. 지렁이의 주요 기관은 대부분 머리 쪽에 있기 때문이다. 꼬리 부위는 주의를 잘 기울이지 않고, 그래서 항문 부분이 잘려 나가는 일이 흔하다.

항문으로 나오기 직전의 배설물

갈색낚시지렁이. 배설 장면

생식기

지렁이는 한 몸에 암수 생식기가 같이 있으며, 생식기는 머리 쪽 마디에 위치한다. 낚시지렁이 무리의 암생식기는 14번 마디 측면에 쌍으로 있으며, 숫생식기는 15번 마디에 한 쌍이 있으나 쉽게 볼 수 없을 정도로 작다. 왕지렁이 무리는 14번 마디에 암생식기가, 18번 마디에 숫생식기가 있다. 표면에 보이는 생식구멍은 안쪽으로 생식기와 직접 연결되며, 정소에서는 정액을 생산한다.

몸이 좌우대칭이므로 생식기도 좌우대칭이지만, 변이 개체에서는 그렇지 않기도 하다. 숫생식기는 아주 단순한 형태부터 복잡하고 특이한 형태까지 다양한반면, 암생식기는 단순하다. 그래서 종을 구별하는 데에는 숫생식기가 매우 유용하며, 종에 따라서는 1개체만 채집해도 동정이 가능하다. 준성체 단계로만성장해도 성체와 다름없이 숫생식기를 확인할 수 있으나, 미성체에서는 생식기가 발달하지 않아 동정하기가 어렵다.

한반도 왕지렁이 고유종의 숫생식기는 대부분 크기가 작고, 단순한 원형 또는타원형이며, 주위에 다른 특징이 나타나지 않을 뿐 아니라 종 사이에 변이도적기 때문에 종을 결정하는 중요한 특징이 된다. 그래서 판 모양 숫생식기는매우 뚜렷한 특징이다.

우리나라 지렁이 숫생식기 비교

왕지렁이 무리

낚시지렁이 무리

염주위지렁이 무리

다양한 생식기 형태

기본 형태(암생식기+숫생식기)

숫생식기가 보이지 않음

환대가 생기기 전 모습

깊이 파인 암생식기와 숫생식기 사이 생식표지

왕지렁이. 비대칭 생식기

Glossoscolex sp. 외부 생식기와 연결된 내부기관

산청지렁이. 튀어나온 숫생식기

산청지렁이. 튀어나온 숫생식기(옆에서 본 모습)

다양한 숫생식기 형태

한반도 왕지렁이 무리의 독특한 숫생식기 형태

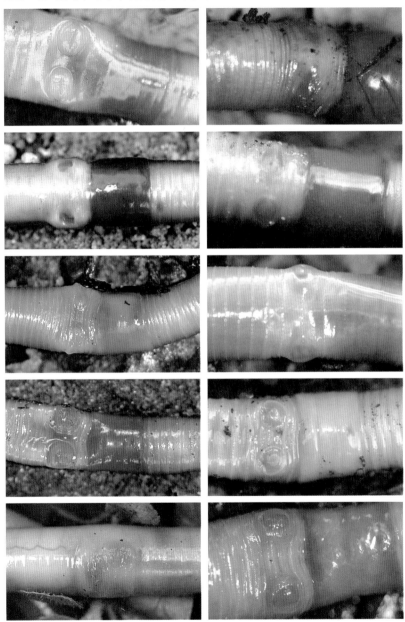

측면에서 관찰한 숫생식기

주름진 원 안쪽에
숫생식구멍이 있다.

저장낭과 저장낭구멍

상대 개체의 정액을 받아서 저장하는 기관이 저장낭이다. 깔때기 모양으로 몸 앞쪽 내벽 좌우에 쌍으로 있다. 저장낭은 1~5쌍까지 있으며, 드물지만 없는 종도 있다. 저장낭 개수뿐만 아니라 저장낭이 위치하는 마디도 종에 따라서 다르다. 왕지렁이 무리는 저장낭 생김새와 개수가 다양해서 종을 구별할 때 숫생식기 모습과 함께 살펴본다.

저장낭은 저장낭구멍을 통해 외부와 연결된다. 저장낭구멍도 종에 따라 형태와 크기, 위치가 다르며, 주변에 다양한 무늬가 나타나기도 한다. 이 무늬도 종의 특징 중 하나로, 저장낭구멍표지라고 한다. 이런 특성이 있어 동정 초기에 저장낭구멍을 살피면 유용하다.

저장낭구멍은 마디와 마디 사이에 위치하지만, 드물게 마디 한가운데에 있기도 하다. 한반도에 서식하는 완도지렁이, 진도지렁이는 마디 중앙에 저장낭구멍이 있다. 매우 드물지만 저장낭구멍이 배 쪽이 아니라 등 쪽에 있는 종도 있다. 그 이유는 아직 정확히 밝혀지지 않았지만, 지렁이의 종 분화 과정을 설명하는 중요한 단서가 될 수 있다.

외무늬지렁이. 대부분 종은 마디와 마디 사이에
저장낭구멍이 있다.

지리산지렁이. 저장낭구멍이 옆으로 튀어나온 것처럼
보이는 모양

진도지렁이. 저장낭구멍이 마디 중간에 있다.

피아골지렁이. 저장낭 1쌍이 상처 때문에 피부 밖으로
드러났다.

저장낭구멍이 등 쪽과 배 쪽 경계에 있는 모양

저장낭구멍돌기

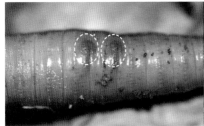

저장낭구멍표지. 주변과 색깔, 무늬가 뚜렷하게 다르다.

왕지렁이 무리의 일부 종에는 생식돌기가 있다. 성적으로 성숙했다는 표시로, 짝짓기하는 동안 상대 개체를 붙잡고 있을 때 나타난다. 동족을 인식하거나 같은 종 사이에서 잡종을 인식하는 표지로 쓰기도 한다.

생식돌기는 주로 몸 앞쪽과 배 아랫면 또는 측면에서 나타난다. 저장낭구멍 주변 마디에 있는 경우나 숫생식기 주변에만 있는 경우도 있다. 왕지렁이 무리에서는 대략 20번 마디 이내에 있다. 생식기관이 있는 부위에서만 주로 나타난다. 주변부와 색으로 구분되며, 주변부가 진한 경우도 있고, 생식돌기가 진한 경우

왕지렁이 무리의 다양한 생식돌기

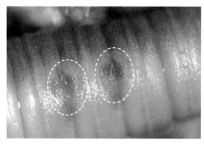

지리산지렁이. 대개 저장낭구멍 주위에서 생식돌기가 나타난다.

좌우 대칭이 아니라 배 가운데에서 동떨어진 무늬로 나타나기도 한다.

숫생식기 주변에 나타난 생식돌기

저장낭구멍과 함께 다양한 무늬로 나타나기도 한다.

도 있다. 모양은 원형, 타원형 등이거나 끝부분이 뾰족하거나 움푹하거나 하는 등 다양하다. 개수도 1개부터 수십 개에 이르기까지 다양하다. 대부분이 좌우 대칭을 이루지만 좌우 비대칭인 경우도 있다.

같은 종이더라도 개체에 따라서 생식돌기가 나타나는 위치, 좌우 보이는 모양이 다르기도 하지만, 오동정할 정도로 변이가 심하지는 않다. 성체만큼 돌기가 두드러지지는 않지만 미성체와 준성체에서도 생식돌기가 나타난다. 왕지렁이 무리에서 생식돌기는 종을 결정하는 데에 도움을 주는 특징이기는 하지만, 숫생식기나 저장낭구멍보다는 형질이 안정적이지 않다.

외무늬지렁이 생식돌기

희미한 흔적으로 나타난다.

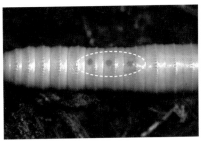

뚜렷한 생식돌기. 좌우 대칭이 아니라 배 가운데에 동떨어진 무늬로 나타난다. 그래서 외무늬지렁이다.

숫생식기 주변에 있는 생식돌기. 대칭이 아니다.

숫생식기 안에 있는 생식돌기

낚시지렁이 생식돌기

주변과 색으로 구분되며 약간 부풀어 올랐다.

등구멍

마디마다 등 쪽 중앙에, 즉 털이 나는 선을 따라서 등구멍이 1개씩 있다. 등구멍은 체내·외 환경을 연결하는 고리이자 숨구멍이다. 각 구멍은 몸 벽을 관통해 안쪽 더 큰 공간(체강)으로 이어진다. 구멍은 근육으로 조절되고, 이 근육을 따라 체강 분비액이 표피로 나와 피부를 촉촉하게 유지할 수 있도록 한다.

체강 분비액은 화학적 흥분에 비례해 분출되며, 몇몇 종은 포식자에게 공격받을 때 분출한다. 축축한 환경을 좋아하는 염주위지렁이 종류는 등구멍으로 체내·외 수분을 조절한다. 큰 개체에서는 등구멍이 주사 바늘 자국처럼 뚜렷해서 맨눈으로도 확인할 수 있으며, 몸 양쪽을 잡고 살짝 당기면 등구멍에서 체강 분비액이 나오는 것도 볼 수 있다.

종에 따라 첫 번째 등구멍이 어느 마디에 위치하는지가 다르기 때문에 종을 구별할 때 사용한다. 보통 5~6번 마디에 첫 번째 등구멍이 있지만, 12~13번 마디에서부터 나타나는 종도 있다. 같은 종이어도 개체마다 첫 번째 등구멍 위치가 다르기도 하다.

환대에서 등구멍이 보이는
경우도 있다.

낚시지렁이. 맨눈으로
등구멍이 보이지 않는
경우도 있다.

강모(털)

강모는 체벽에서 뻗어 나온 키틴질 성분으로 이루어진 털이다. 지렁이는 강모로 바닥을 잡고 이동하며, 멈출 때도 강모를 브레이크처럼 쓴다. 강모가 있어 직각으로 세운 유리판에서도 미끄러지지 않는다. 몸 앞쪽과 뒤쪽의 강모가 대체로 큰 것도 자유롭게 움직이기 위해서다. 낚시지렁이 무리는 굴에 들어가거나 굴에서 이동할 때 강모를 써서 굴 내부 벽에 몸 전체를 붙인다. 수서형 지렁이는 헤엄칠 때 강모를 노처럼 사용한다. 또한 강모는 체벽 구조를 지탱해 주며, 특별히 긴 강모에는 촉각 기능이 있다.

강모는 입과 항문 주위를 제외한 마디에 있으며, 종마다 강모가 나타나는 위치에 일정한 패턴이 있어 종을 구별하는 데에 도움이 된다. 염주위지렁이 무리의 한 종은 몸 앞쪽 몇 마디에 강모가 없다. 왕지렁이 무리에서는 생식돌기 주변 강모가 대부분 짧거나 흔적만 남은 종이 많으며, 보통 마디 둘레로 강모 40~200개가 골고루 분산되어 있다. 낚시지렁이 무리는 마디마다 강모 4쌍이 일정한 간격으로 배열되어 있으며, 그중 2쌍은 배 아랫면과 측면, 2쌍은 등 윗면과 측면에 있다. 어느 종은 20번 마디까지 등 쪽에 강모가 없기도 하다.

강모 생김새는 막대기 모양, 바늘 모양, S자 모양, 머리털 모양 등 다양하다. 길이도 다양해서 바늘 모양 강모는 다소 짧고, 머리털 모양 강모는 몸 지름만큼 길거나 더 길기도 하다. 몸 뒷부분에 있는 강모는 지름이 넓다. 염주위지렁이 무리의 강모는 짧고, 어린 개체일수록 강모가 밖으로 드러나지 않는다.

왕지렁이. 강모가 마디에 매우 촘촘하게 나 있다.

갈색낚시지렁이. 강모가 일정하게 배열한다.

염주위지렁이. 고정하면 강모 윤곽이 드러난다.

환대 앞쪽에 있는 강모는 뒤쪽 것보다 세다.

짝짓기하는 동안 떨어지지 않도록 서로 붙잡을 때도
강모를 쓴다.

굴을 파거나 이동할 때 강모를 지팡이처럼 쓴다.

마디

지렁이 생김새 특징 중 하나가 몸이 마디로 나뉜다는 점이다. 각 마디는 몸 내부에 있는 가로 홈(칸막이)으로 나뉜다. 마디 수는 종마다 조금씩 달라서 우리나라 전역에서 보이는 참지렁이는 마디가 93~102개이고, 유럽이 원산인 줄지렁이는 마디가 82~103개이다. 남미 푸에르토리코에 서식하는 *Trigaster longissimus*는 마디가 무려 1,000여 개나 된다.

같은 종이더라도 각 개체가 살아온 환경에 따라서 마디 수가 다를 수도 있다. 물리적 환경이 어린 개체와 알집의 성장에 영향을 미치기 때문이다. 온도와 습도가 최적이며 영양분이 풍부한 환경에서 성장한 개체는 춥고 건조하며 영양분이 적은 환경에서 성장한 개체보다 마디가 많다. 단, 마디 수는 다르더라도 같은 종이라면 각 마디 크기는 거의 일정하다.

마디와 마디 사이 구분이 뚜렷한 종이다.

배 윗면과 아랫면에서 본 마디(같은 개체)

크기(길이)

살아 있는 지렁이 크기를 측정하기는 어렵다. 몸을 늘였다 줄였다 하며 쉼 없이 이동하기 때문이다. 그래서 공식적으로 남기는 기록은 채집해서 고정한 표본의 길이로 나타낸다. 같은 종이어도 시기에 따라 크기가 다르다. 활발하게 움직이는 시기에는 다양한 유기물을 섭취하기 때문에 아무래도 영양 상태가 좋아 크지만, 휴면할 때는 에너지를 소비할 일이 없기 때문에 섭식도 하지 않으므로 크기가 작다.

길이 1~1.5m, 지름 7~9cm이면 보통 큰 지렁이라고 본다. 이런 종은 주로 열대 지방이나 초지의 깊은 토양층에 서식하기 때문에 관찰하기가 쉽지 않다. 특히 건기나 추운 계절에는 몸을 보호하고자 땅 위로 나오지 않을 뿐 아니라 토양 아래로 더 깊이 들어가기 때문에 훨씬 보기가 어렵다. 길이 1~2cm, 지름

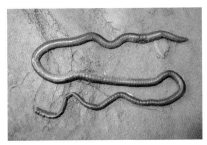

메콩자이언트지렁이. 길이가 1m를 넘는다.

색다른지렁이. 우리나라 농생태계에서 보고된 지렁이 가운데 가장 큰 종류다.

애꼬마지렁이. 우리나라 왕지렁이 무리 중 작은 종류다.

안장띠낚시지렁이. 우리나라 낚시지렁이 무리 중 작은 종류

1~1.5mm인 종은 작은 종류다. 크기가 작아 관찰하기는 쉽지 않다. 주로 숲속 낙엽층이나 나무껍질 밑에 살며, 크기가 작다 보니 사람, 가축, 묘목, 종자 등에 딸려 우연히 이동, 정착하는 경우가 많다.

세계에서 가장 큰 지렁이는 오스트레일리아자이언트지렁이(*Megascolides australis*)로 알려졌으며, 길이는 약 3m이고 무게는 400~450g이나 된다. 2009년 브라질에서 채집된 *Martiodrilus* sp.는 길이가 약 3m에 이르러 오스트레일리아에 사는 종과 크기 면에서 1, 2위를 다툰다. 역시 브라질에 사는 브라질자이언트지렁이(*Glossoscolex giganteus*)는 길이 1.2m, 지름 30cm, 무게 500~600g이다. 버마자이언트지렁이(*Tonoscolex birmanicus*)는 길이 약 2m, 동남아시아 메콩강 유역에 사는 메콩자이언트지렁이(*Amynthas mekongianus*)도 길이 1m가 넘는다.

한편 작은 지렁이로는 필리핀에서 채집된 *Graliophilus* sp.가 손꼽힌다. 길이 1~1.5cm이다. 국내에서는 2002년 전북 모악산에서 채집된 모악지렁이가 있으며 길이가 3.2cm이다. 1936년에 보고된 애꼬마지렁이는 약 3.3cm로 알려졌다. 물론 이것은 크기가 작은 애지렁이 종류를 제외한 종들 중에서다.

표본 측정

마디 지름 측정

색깔

지렁이 몸 색깔은 내부 색소가 밖으로 비치는 것으로 주로 희미한 적색, 갈색, 자주색 또는 이들이 뒤섞인 색이 흔하며, 아주 드물지만 녹색을 띠는 종도 있다. 대부분 등 쪽은 색이 짙고, 배 쪽은 색이 거의 없다. 항상 지면에 배를 붙이고 생활하기 때문에 햇빛을 받는 등 쪽과 달리 배 쪽은 색소가 없기 때문이다. 이러한 특징은 지상으로 자주 나오는 종에서 더욱 뚜렷하다.

생활사 대부분을 토양 깊은 곳에서 보내는 종은 색소가 없어서 회색, 엷은 노란색, 우윳빛을 띠는 편이다. 흰색에 가까운 지렁이는 피부가 얇고 투명해서 수정낭, 혈관 등 내부기관이 비친다.

줄지렁이는 등 쪽에 자주색 또는 갈색 고리가 있는 듯 보인다. 마디와 마디 사이에는 색소가 없고, 마디 중앙에만 색소가 있기 때문이다. 색소가 많은 개체에서는 호랑이 줄무늬처럼 보인다.

같은 종이어도 개체에 따라 색이 다르다.

대개 피부는 주위 환경과 어울리는 색을 띤다.

브라질에 서식하는 *Glossoscolex* sp..
한 몸에서 여러 가지 색이 나타난다.

다양한 몸 색깔

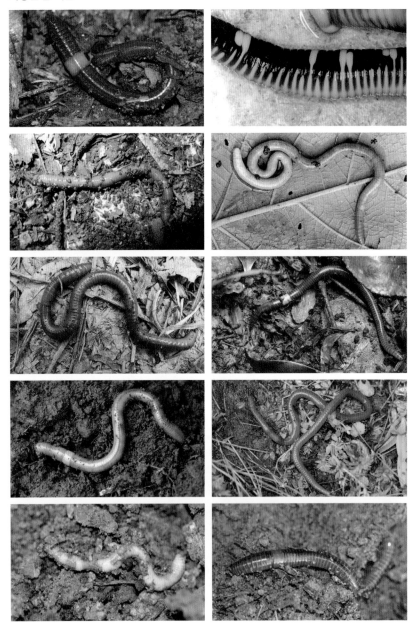

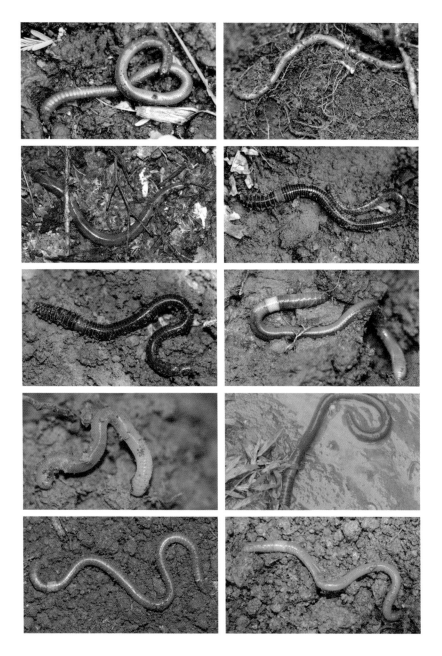

04

내부 구조

피부

피부는 표피(상피), 진피, 얇은 근육 조직으로 구분된다. 상피는 얇고 투명하며, 단단한 강모와 구멍이 뚫린 곳을 제외한 몸의 모든 곳을 덮는다. 상피는 환대를 제외하고 세로로 늘어난 세포 한 층으로 이루어졌으며, 이 세포들은 미세한 근육질로 연결되는 감각세포들이다. 상피 아래에는 연결 근육층, 즉 몸 벽의 근육을 둘러싼 진피가 있다. 피부가 투명하게 보일 정도로 얇은 종도 있지만, 거친 모직 조각처럼 두꺼운 종도 있다.

두꺼운 피부

얇은 피부. 내장과 핏줄이 보인다.

소화와 배설 기관

장은 입부터 항문까지 길게 연결되며 인두, 식도, 사낭, 창자로 구성된다. 입으로 섭취한 먹이는 인두를 거치면서 분해되고 식도로 이동한다. 사낭을 지나 창자로 이동하면 다양하게 분비되는 소화 효소의 작용으로 다시 분해된다. 주름진 창자는 영양분 흡수율을 높인다.

배설은 배 쪽과 등 쪽의 혈관을 따라 이루어지며, 혈액 속의 삼투압 조절과 이온 균형을 유지한다. 낚시지렁이 무리는 앞쪽 3개 마디와 맨 마지막 마디를 제외한 각 마디에 배설에 필요한 신관(또는 배설관)이 있다. 신관은 깔때기 모양이며, 각 마디와 연결된다.

배에서 보이는 소화기관

등으로 비치는 내장

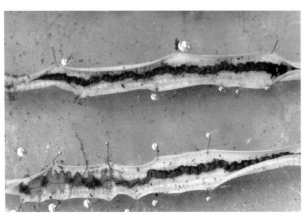

해부한 모습. 긴 장이 입에서부터 항문까지 연결되어 있다.

57

생식기관

숫생식기관은 10~11번 마디에 있는 정소 1쌍으로 이루어지며, 신경조직 가까이에 있는 앞쪽 격막에 붙어 있다. 종에 따라서는 10번 마디에만 또는 11번 마디에만 쌍으로 된 정소가 있다. 대부분 종에서 정소주머니로 싸여 있지 않으므로 정액이 정소 마디의 체강 대부분을 채우고 있다.

암생식기관은 신경조직 옆 13번 마디 체벽에 있는 난소 1쌍으로 이루어진다. 구조가 다양하며, 낚시지렁이 무리에서는 줄 하나를 이루는 원반 모양이고, 지렁이 무리는 작은 잎 모양이다. 생성된 난자는 다음 마디에 있는 구멍을 통해 바깥으로 이어지는 깔때기 모양 기관을 지나 체강 분비액으로 전달된다.

배에서 보이는 생식기관

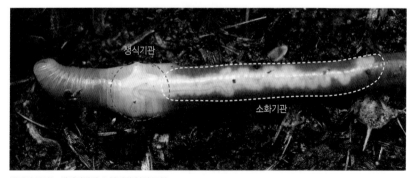

배에서 보이는 생식기관과 소화기관 연결 모양

내부기관

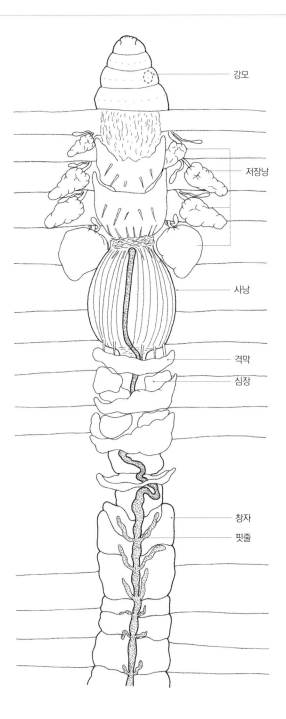

- 강모
- 저장낭
- 사낭
- 격막
- 심장
- 창자
- 핏줄

토양 속 생활

01

짝짓기와 알집 생산

지렁이는 자웅동체이다. 한 몸에 암컷과 수컷의 생식기가 있어서 한 개체를 암수로 구분할 수 없다. 짝짓기는 두 개체가 각각 보관하고 있던 정자(sperm)를 교환하면서 이루어진다. 즉 A개체의 숫생식기는 B개체의 암생식구멍(female pore)에, B개체의 숫생식기는 A개체의 암생식구멍에 정소에서 만들어진 정자를 넣는다.

짝짓기할 때 두 개체는 앞쪽 배 부분을 나란히 하고, 머리 방향은 서로 반대로 한다. 짝짓기하는 동안 정자가 저장낭으로 흐를 수 있도록 주름, 즉 고랑이 생긴다. 상대 개체의 몸에 잘 닿을 수 있도록, 몸 벽에서 나온 강모 끝을 따라 분비물을 내보낸다. 두 개체가 일정하게 동시에 정자를 방출하지는 않는다.

대부분 종이 이와 같이 번식하나 드물게 단위생식(처녀생식)을 하는 종이 있다. 이런 종은 저장낭구멍이 없거나 숫생식기에 숫생식구멍이 없는 등, 생김새를 자세히 살피면 알아볼 수 있다. 우리나라에서는 참지렁이가 이런 종류에 속한다. 참지렁이는 개체가 성숙한 뒤에 환경이 비교적 양호한 토양 속이나 낙엽 위 또는 아래에 스스로 정자를 내어놓는다. 그러면 주변에 있던 다른 개체가 우연히 저장낭구멍으로 그 정자를 받아들이면서 직접적인 접촉 없이 수정과 번식이 이루어진다. 전문가들은 자연에서 3~5%가 이 같은 방식으로 번식한다고 추정한다.

붉은줄지렁이 짝짓기

짝짓기

짝짓기 중 환대가 풀어지지
않도록 단단히 결속된 모양

짝짓기 뒤 부풀어 오른 환대

알집 생산

지렁이는 일생 동안 알집을 여러 번 낳는다. 알집은 환대에서 분출된 물질이 공기 중에서 응고된 것이다. 짝짓기할 때 열린 저장낭에서 정자와 난자(암생식 구멍에서 생성)가 분출되며 알집에서 수정이 일어난다. 알집에서 새끼가 빠져나오기까지는 보통 며칠에서 몇 주가 걸린다. 종에 따라서 부화 기간은 달라지고, 종내 개체에 따라서도 차이가 난다. 주변 환경이 적당하지 않으면 부화가 지연되기 때문이다. 새끼는 몇 주에 걸쳐서 성장하지만, 성체가 되기까지는 몇 년이 걸릴 수도 있다.

대개 알집 생산율은 봄과 가을에 높다. 여름에는 거의 활동을 하지 않기에 알집도 생산하지 않으며, 겨울에는 추위 때문에 생산율이 떨어지거나 아예 생산을 하지 않는다. 토양 속 깊이 사는 종일수록 지표면 근처에 사는 종보다 연간 알집 생산 능력이 떨어진다. 적은 짝짓기 기회, 높은 조기 사망률 등 환경에 따른 차이가 있기 때문이다. 또한 알집 생산율은 먹이 질에 따라서도 10~20배 차이가 난다. 알집 크기는 보통 성체 크기에 비례한다. 성체가 크면 손바닥에 가득 찰 정도로 큰 알집도 생산된다. 알집 크기와 형태도 종에 따라서 다르다.

알집 종류

붉은줄지렁이. 알집은 시간이 지나면서 점차 짙은 갈색으로 변한다.

64

줄지렁이

갈색낚시지렁이

색다른지렁이

시간에 따른 알집 변화

생산된 초기 알집(브라질)

낳은 지 좀 된 알집. 알집 속 새끼와 핏줄까지 생생하게 보인다(브라질).

줄지렁이 새끼가 알집에서 빠져나오는 연속 모습

지렁이와 알집이 같이 있는 모습

갈색낚시지렁이   낚시지렁이 종류(브라질)

02

이동

연속 파동으로 나아가기

지렁이 몸의 각 마디는 줄어들거나 늘어난다. 각 마디에 있는 횡근이 동시에 수축과 이완을 반복하며, 한쪽 근육의 수축은 반대쪽의 이완을 동반한다. 격막과 격막 사이 체벽을 따라 근육층이 교대로 수축, 이완하면서 연속적인 파동이 순간 양방향으로 일어나기 때문에 지렁이는 앞과 뒤로 이동할 수 있다.

이런 방법으로 몸을 앞으로 밀며 나아갈 때는 머리 부분에 있는 강모로 갈고리처럼 밑바닥을 잡고 몸 앞쪽이 두꺼워지도록 끌어당긴다. 그러면 파도처럼 몸 뒤쪽이 앞쪽을 따르며, 첫 번째 물결이 뒤쪽에 도달하기 전에 또 새로운 물결이 작게 일어난다.

토양 속에서 이동하고자 굴을 팔 때는 몸 앞쪽 부분이 늘어나면서 생긴 공간 사이에 입을 끼운다. 강모는 그보다 더 뒤쪽을 잡는다. 앞쪽 강모는 더 나오고, 뒤쪽 강모는 들어가면서 횡근이 수축해 몸이 앞쪽으로 끌려간다. 동시에 토양 입자를 옆으로 밀어내면서 굴을 넓힌다.

장거리 이동

지렁이는 주로 밤에 머물고 있는 굴에서 나온다. 간혹 자주 밖으로 나오는 종도 있지만 대체로 밤을 제외하고 굴 밖으로 나오는 일은 드물다. 굴에서 나온 지렁이 일부는 다양한 이유로 지표면에서 죽는다. 굴 밖에서도 생존한 지렁이는 포식자나 빛을 피하고자 낙엽층 사이로 이동한다. 나와 다니던 지렁이는 보통 나온 굴로 다시 돌아가지만, 일부 종은 다른 굴(남의 집)로 들어가기도 한다.

굴에서 나오는 모습

굴로 들어가는 모습

종에 따라서는 굴에서 셀 수 없을 만큼 많은 개체가 동시에 나오기도 한다. 보통 큰 비가 내릴 때 이런 현상이 나타난다. 피부 호흡에 필요한 토양 입자 사이의 빈 공간이 빗물로 막혀 산소가 부족해지면서 지표면으로 나오는 것이다. 비가 많이 내리다 갠 다음날 길 위에서 수십, 수백 마리 지렁이가 말라죽은 장면을 심심치 않게 볼 수 있는 이유다. 햇빛을 받기 전에 다시 굴로 돌아가지 못한 개체들이다.

장마처럼 오랜 기간 비가 올 때는 흐르는 물에 쓸려 다른 곳으로 옮겨지기도 하고, 새끼에게 먹이려고 지렁이를 잡아 나르던 새가 실수로 떨어트려 원하지 않는 곳으로 이동하기도 한다. 지렁이를 가장 멀리 이동시키는 것은 역시 사람이다. 지렁이는 인류와 함께 대륙을 이동했고, 지난 수백 년 동안에는 활발해진 교역을 따라 세계 곳곳으로 퍼졌다. 한반도에 사는 낚시지렁이 종류는 대부분 유럽에서 장거리 이동한 것으로 추정한다.

마디에 있는 근육이 연속적으로 수축, 이완하면서 이동한다. 머리 쪽이 빠르게 움직이는 모습이다.

이동하면서 몸에 붙여
흙을 운반한다.

03

호흡

육상지렁이는 특별한 기관 없이 체벽으로 호흡한다. 섬세하고 투명한 체벽 안쪽에 있는 수많은 모세혈관을 통해 산소를 들이마신다. 대부분 육상지렁이는 체벽 안에 혈관이 있지만, 작은 지렁이에게는 없어서 이런 종은 혈관을 통한 교환 없이 체벽으로 직접 산소를 흡수한다.

피부로 호흡하려면 피부가 반드시 축축해야 한다. 일정 시간 동안 피부가 건조해지면 호흡을 하지 못해 죽게 된다. 그래서 지렁이는 건조한 환경에 노출되면 등구멍에서 점액질을 분비해 호흡을 유지하며, 이것으로 윤활 작용도 한다.

피부가 깨끗하고 투명하다.

물속 바닥 모래나 뻘 속에 사는 육상지렁이는 물 밖으로 일시적으로 나왔을 때 산소를 최대한 흡입하도록 몸의 표면적을 넓힌다. 그래서 물에 적응한 지렁이는 대부분 항문 쪽이 원통형이 아니라 사각형이나 마름모꼴로 넓다. 확장된 부위에 있는 강모는 다른 마디에 있는 것들보다 크면서 억세고, 이러한 강모는 물을 젓는 노처럼 쓰이기도 한다.

건조한 환경에서나 스트레스를 받으면 점액질을 분비한다.

산소를 교환하는 혈관이 뚜렷하다.

수서형 지렁이는 위에서 보면 원통형 같지만 배 아랫면은 확장되어 사각형에 가깝다.

먹이

먹이 탐색

지렁이는 토양 표면이나 서식처 근처에서 이미 부패했거나 썩고 있는 유기물 (썩은 잎, 죽은 뿌리, 포유류 배설물)과 토양과 그 속에 사는 아주 작은 미생물 등을 함께 먹는다. 몇 종은 토양 깊은 층에서 뿌리를 먹기도 한다. 지렁이가 미생물을 함께 섭취하는 까닭은 어느 정도 부식되기 전까지는 잎이나 뿌리, 배설물 같은 유기물을 소화하지 못하기 때문이다.

특히 포유류 배설물을 먹는 종이 많다. 우리나라에 폭넓게 분포하는 갈색낚시 지렁이, 외무늬지렁이, 붉은줄지렁이 등이 그러하다. 양식한 붉은줄지렁이로 축산 분뇨를 처리하기도 한다. 또한 종이를 만들고 남은 찌꺼기, 가공 식품 찌꺼기, 김장하고 버려진 배추 등과 같은 채소, 하수처리장 침전물 등을 먹고 분해한 다음 배설해 흙으로 되돌려 보낸다.

지렁이 장속에는 섭취한 온갖 먹이가 들어 있다. 지렁이는 선호하는 음식을 찾기보다 주변에서 쉽게 찾을 수 있는 먹이를 섭취한다.

포식자

조류(새), 포유류, 파충류, 양서류, 어류를 비롯해 개미, 귀뚜라미 같은 곤충(성충, 유충 모두), 지네, 달팽이 등이 지렁이를 잡아먹는다. 지렁이는 조직에 단백질이 60~70% 함유되어 있고, 아미노산 등이 있어서 포식자에게 매우 좋은 먹이다. 이 가운데 지렁이의 가장 큰 천적은 새로, 지렁이의 절반 이상이 새에게 잡아먹힌다고 한다. 두더지도 지렁이를 잘 잡아먹는다. 누군가 밭을 군데군데 헤집어 놓았다면, 지렁이가 많은 곳을 찾아다닌 두더지일 확률이 높다. 두더지는 신선한 지렁이를 끌고 가서 토막 내 먹는다. 사람도 지렁이 생존에 큰 영향을 미치는 천적이다. 경작지에서 기계를 사용하거나 농약을 살포하면 지렁이가 대량으로 피해를 입는다. 아열대나 열대 지역에서는 지렁이를 닭, 돼지 같은 가축의 먹이로 쓴다.

이뿐만 아니라 박테리아, 곰팡이, 원생동물, 선형동물, 편형동물, 응애, 파리 유충 등이 지렁이의 조직, 체강, 혈액 등에 침입해 질병을 일으킨다. 대개 피해를 입지만 어떨 때는 지렁이가 2차 기주가 되어 살아가기도 한다.

두더지가 지렁이를 찾은 흔적(뽕나무밭)

지렁이를 먹이로 삼는 새

계절적 리듬

농생태계(친환경 뽕나무 경작지)에서 지렁이 개체군(갈색낚시지렁이와 변이성지렁이)의 밀도 변화를 조사한 결과, 지렁이 생활은 온도에 따른 계절적 리듬에 크게 좌우된다는 걸 알 수 있었다(2014년 전북 부안). 겨울이 지나 대기 중 기온이 오르면서 토양 상층부로 이동해 활동을 시작했고, 장마 직후에 일시적으로 밀도 증가가 주춤했다. 그러다 8월에 다시 밀도가 높아지기 시작해 10월에 정점을 보였다.

대부분 지렁이는 습도나 온도에 반응해 휴면에 들어간다. 휴면기에는 토양 깊은 층으로 들어가서 꼼짝도 하지 않으므로 소화기관도 비어 있다. 기온이 내려가면 겨울잠을 자며, 기온이 매우 높거나 가뭄이 계속되면 여름잠에 든다. 여름잠을 잘 때는 방(하면방)을 만들어 들어가 코일처럼 몸을 돌돌 말아 스스로 꽉조인 상태로 활동을 멈춘다. 몸의 표면적을 줄여서 에너지를 최소로 쓰려는 행동이다.

지렁이는 낮과 밤에도 달리 반응한다. 대부분 밤에 최대로 활동하고, 낮에는 최소로 활동하지만 어떤 종은 이른 아침에 가장 활발하다가 낮에 급격히 활동량이 줄기도 한다.

여름잠을 자려고 코일처럼 몸을 꼰 모습(브라질)

여름잠에서 깬 뒤 서서히 몸을 풀고 있다. 방금 전까지 위쪽 동그란 방에 있었다.

하면방(브라질)

여러 가지 하면방

07

서식처

지렁이는 흙이 한줌이라도 있는 곳이라면 살 수 있다. 심지어는 물속 바닥의 흙에서도 살아간다. 고목 껍질 속이나 나뭇가지 사이 좁은 공간, 바위에 붙은 이끼 밑에서도 잘 살아간다. 독특한 환경에서 사는 지렁이는 건강하며, 때로는 이런 환경에 적응하는 사이에 새로운 종으로 분화한다. 농생태계처럼 인위적으로 만들어진 환경에서도 살 수 있다. 이런 환경이더라도 지렁이가 서식하면 자연생태계에 가깝게 회복된다.

다양한 서식처

분변토와 분충

굴

재생

신비한능력

분변토와 분종

지렁이는 영양가 없는 비유기질 토양이나 낙엽 같은 부식물을 잘게 분해, 소
화하며 토양을 비옥하게 한다. 지렁이 소화기관을 통해 나온 배설물이 분변토
(cast)다. 피부가 얇은 지렁이는 내장 속에 들어 있는 소화 중인 유기물이 바깥
에서 보인다. 입과 가까운 쪽의 음식물은 분해 과정 초기라 입자가 거칠고 크
지만, 항문 쪽으로 도달할수록 입자는 곱고 가늘어진다. 내장에서 소화되어 가
는 유기물의 상태를 보면 지렁이가 토양에서 얼마나 경이로운 일을 해내는지

창자 속에서 소화되고 있는 유기물

창자 형태가 고스란히 드러난 분변토

지렁이 항문에서 분변토가 나오는 장면

분변토가 탑 형태를 갖추어 가는 모습

알 수 있다.

분변토는 대개 머물고 있는 굴 주변에 내어놓는다. 숲속, 인가나 도로 주변, 정원, 골프장, 물가 등 지렁이가 사는 곳이라면 어느 곳에서든지 쉽게 분변토를 볼 수 있다. 작물을 경작하는 곳에도 많은데, 화학비료를 사용하지 않은 밭에는 유난히 많다. 온통 지렁이만 보이는 곳도 있다.

모양은 원형 또는 타원형 입자가 결합된 종류나 낱알처럼 각각 떨어진 종류가 있다. 배설한지 얼마 되지 않은 분변토에는 입에서부터 항문까지 통과한 창자 모양이 그대로 나타나기도 한다.

일반적인 분변토

신선한 분변토

오래되어 이끼 낀 모습

오래된 분총에 다시 배설하기 시작한 분변토

분변토는 영양분이 풍부하기 때문에 다양한 동물이
산란처로 삼는다.

크기는 모래알보다 작은 것부터 자갈보다 큰 것까지 지렁이 종류만큼이나 다
양하다. 찰스 다윈은 영국, 프랑스, 인도, 스리랑카, 미얀마, 미국, 남아메리카
등지의 여러 분변토를 관찰했으며, 거의 90g이나 나가는 분변토를 만드는 종
도 있다고 기록했다.

분변토 크기

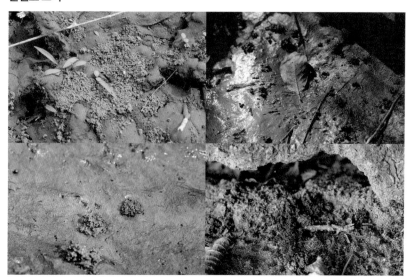

작은 알갱이 분변토

큰 분변토

같은 장소 다른 크기(크기가 서로 다른 지렁이가 2종류 이상 서식)

분변토를 탑처럼 쌓아 올린 것을 분총이라고 한다. 지렁이 종류와 섭취한 유기물 종류에 따라 모양이 다르다. 모래 성분이 많으면 결합력이 약해 알갱이로 떨어져 있고, 유기물이 풍부하면 결합력이 강해서 오랜 시간이 지나서도 탑 모양을 그대로 유지한다. 대개 포유류 배설물처럼 지면에 덩어리로 있지만 토양 속에 묻힌 경우도 있다.

탑 형태(분총)

분총 맨 꼭대기와 아래쪽에는 구멍이 있다(꼭대기 구멍이 막힌 경우도 있다). 분총은 땅속에 입을 대고 유기물을 섭취하면서 위로 들어 올린 항문으로 배설물을 밀어내며 차곡차곡 쌓는 것이기에 이런 구멍이 생긴다. 구멍의 지름을 살펴 그 지렁이의 몸무게와 크기를 짐작할 수 있다.

지렁이가 드나드는 분총 아래쪽 구멍

분총 위쪽 구멍

분총을 살피면 그 지렁이가 어떤 음식을 먹었는지도 알 수가 있다. 소화하지 못한 채 배설한 낙엽 찌꺼기, 지푸라기, 심지어 비닐이나 플라스틱 조각도 보인다. 이동하면서 다른 종류 유기물을 먹었다면 그에 따른 색상이 분총에 나타나기도 한다.

분총이 굳은 정도를 보면 언제 배설했는지를 짐작할 수 있다. 불과 몇 분 전에 배설한 것은 물기가 있으며, 오래된 것이라면 아주 단단하게 굳어 있다. 오래되어서 분총 주위에 이끼가 자란 경우도 있다. 때로는 하단은 단단하게 굳었지만, 상단은 물기가 남은 분총도 볼 수 있다. 지나가다가 오래전에 만든 분총 속 터널을 우연히 발견하고는 위로 올라가 새롭게 배설한 것이다. 또한 안전한 곳에서 크게 무리를 지어 커다란 성처럼 분총을 쌓기도 한다.

분총은 갓 태어난 새끼가 안전하게 지낼 수 있는 공간이기도 하다. 지렁이뿐만 아니라 다른 토양동물에게도 분총이나 분변토는 산란 장소나 서식처가 되기도 한다. 주변의 다른 토양보다 영양분이 풍부하고, 보습 효과도 있기 때문이다.

분변토 안에 들어 있는 지렁이를 만나면 종과 분변토 내용물을 확실하게 알 수 있다.

분총 속에서 지렁이가 발견되는 일은 아주 드물다. 대부분 배설이 끝나 탑 작업도 완료되면 재빨리 다른 곳으로 이동하기 때문이다. 채집할 때 분총 안에 있는 지렁이를 만나면 최상이지만, 분변토 주변에서 지렁이를 발견하는 것도 좋다. 지렁이와 분변토를 함께 수거해서 지렁이 장 속의 내용물과 분변토를 함께 비교할 수 있어서다. 분총을 발견하면 현장에서 길이를 측정하거나 동전이나 펜 같은 물건을 옆에 놓고 크기를 비교하며 사진을 찍는다. 그리고 밀폐 비닐봉지에 담아서 가져와 실험실에서 성분 분석을 한다.

분변토 형태

입자 형태

포유류 배설물 형태

창자 형태

좁쌀 형태

토양 속에서 발견된 굴 형태

분변토 발생 장소

농작물 재배지

나무속

물가   정원

다양한 환경에서 분변토를 발견할 수 있다. 이는 수많은 지렁이 종류가 우리 주변에 살고 있다는 뜻이기도 하다. 지렁이는 기름진 분변토를 생산하며 인간과 오랜 지구 역사에서 큰 역할을 해 왔다. 그러므로 지렁이를 찾기 전 지렁이가 인간에게 주는 선물인 분변토의 모습을 기록하는 것 또한 중요한 과정이다.

흙 속

대량 생산(아마존). 아마존에서도 지렁이는 숲을 가꾼다. © Sam James

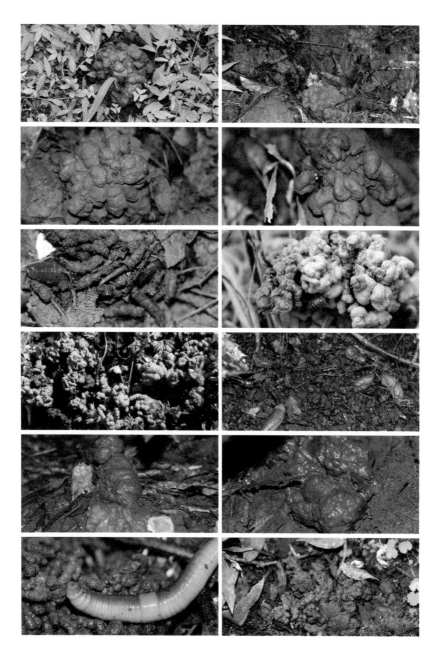

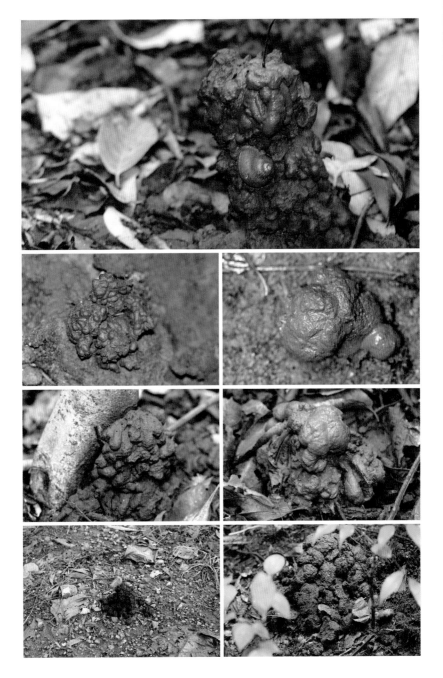

다양한 분충

토양 속 분충

덩어리 형태 분충

굴은 지렁이의 집이자 이동 통로다. 금방 끊어질 듯 연약한 몸으로 토양 속을 이리저리 이동하면서 굴을 만든다. 지렁이 몸에서 분비되는 점액이 굴 벽면을 부드러우면서도 단단하게 만들며, 이는 수분 손실을 막아 지렁이가 머물기에 알맞은 습도를 유지해 준다.

지렁이가 만든 굴은 토양이 숨을 쉬는 틈이 된다. 그 작은 틈은 식물이 뿌리를 뻗고 내릴 공간이자 숨을 쉬는 구멍이 되며, 다양한 토양생물이 살아갈 수 있는 공간이 된다. 즉 지렁이가 흙 속에서 굴을 내고 이동하는 것은 토양 상태를 개선하거나 안정적으로 유지해 주는 행위다. 또한 지렁이가 굴을 내고자 만들어 놓은 수많은 구멍은 큰 비가 내릴 때 일시적으로 물을 가두는 저수지 역할을 해서 토사 유출, 산사태까지 막아 준다.

지렁이 굴은 크게 지표면으로 구멍이 열린 임시 거처와 영구적인 집 두 가지로 나눈다. 보통 굴 크기는 지렁이 길이와 지름에 따라 다르지만, 대개 지름 1~10mm이다. 대부분 지렁이는 부식 물질을 먹기 때문에 지표면 가까이에 굴을 만드는 경우가 많지만, 반영구적인 굴을 만드는 종은 지표면에서 20~50cm 깊이까지 내려간다. 아직 지렁이가 얼마나 깊이까지 굴을 내는지는 알려지지 않았지만, 낚시지렁이 무리에 속하는 종(*Lumbricus badensis*)은 2.5m 깊이까지 굴을 낸 것으로 보고된 바 있다.

낙엽층에서 사는 종들(외무늬지렁이, 밭지렁이 등)은 낙엽층 바로 아래에 굴을 만든다. 포식자가 나타났을 때 재빨리 숨을 수 있으며, 보통 몸길이에 맞춰 수직으로 만든다. 흙을 먹는 종들은 대개 토양 표면 바로 아래를 이동하며 수평으로 굴을 만든다.

대체로 몸이 크고 몸 색깔이 갈색이나 붉은색인 갈색낚시지렁이와 왕지렁이 종류는 몸의 앞쪽 격막과 근육이 발달해서 굴을 파는 데에 능숙하다. 그리고 수축성 또한 좋아서 빨리 후퇴할 수도 있다. 이들이 사는 굴의 흙에는 분비물, 분변토, 물 등이 섞여 있어서 낙엽층 아래에 만든 굴보다 벽면이 부드럽다.

건조한 시기나 겨울에 피난처로 삼으려고 만드는 일회용 굴도 있다. 보통 수직으로 만들며 빨리 만들어야 하므로 재료나 구조가 단순하다. 몸이 짧거나 가는 애꼬마지렁이, 점박이지렁이 등이 이런 굴을 만든다.

굴 입구와 분변토 　　　　　　　　　　　　　　　굴 입구

굴속에 있는 모습

미성체는 성체가 되기 전까지 굴속에서 머문다.

99

몸에서 분비되는 점액으로
굴 벽면을 부드럽게
만든다. 벽면에 아직
물기가 남아 있다.

흙덩어리 하나에도 굴
입구가 많다. 이런 구멍은
빗물을 가두는 저수지
역할을 한다.

굴에서 나오는 모습

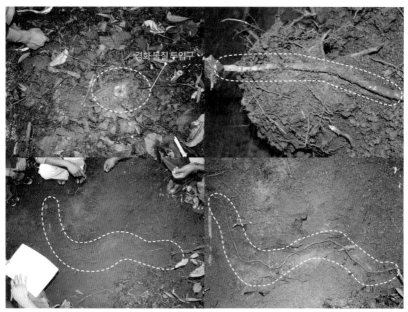

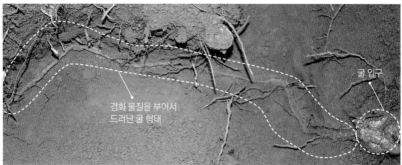

버마자이언트지렁이. 굴 입구에 경화 물질을 부어서 토양 속 굴의 모양을 살피는 연구(미얀마).
지표면에서 약 30cm 깊이에 수평으로 굴이 있다. 굴마다 특정 방향성은 찾아볼 수 없다.

땅 위에 있는 버마자이언트지렁이

재생

지렁이는 잘리거나 상한 부위를 다시 만드는 능력이 있다. 몸이 마디로 되어 있기에 가능한 일로, 재생 가능한 마디는 종이나 부위에 따라 다르다. 그렇다고 잘리거나 상한 부분 전체를 원래대로 완벽히 재생할 수는 없다. 본래 상태와 비슷할 수도 있고 좁은 부위만 봉합되기도 한다. 재생은 대부분 꼬리 부위에 해당하는 일로, 중요한 기관이 없어서 재생 과정이 복잡하지 않고 시간도 적게 걸리기 때문이다.

잘려 나가는 마디의 수나 부위는 종마다 다르다. 몸 가운데쯤에서 잘리는가 하면, 끝부분의 몇 마디만 잘리기도 한다. 왕지렁이 종류는 여러 마디가 한 번에 잘리지만 낚시지렁이 종류는 몇 마디만 잘린다. 또한 포식자의 공격을 받으면 스스로 꼬리를 잘라 위험을 피하기도 한다. 재생된 부위는 색깔이 뚜렷하게 엷어서 알아볼 수 있다. 한편 노화한 마디는 작은 충격에도 잘 떨어진다.

어떤 부위가 잘리거나 상하면 마디의 원통형 근육을 수축해서 1차적으로 봉합한다. 이후 상처 부위에 점차 조직이 형성되면서 회복 과정을 거친다. 대부분 마디 크기는 원래대로 돌아오지만 마디 수는 그렇지 않다. 특히 마디의 맨 끝부분인 항문은 재생 과정을 거치며 길고 좁아지기 때문에 원래 모습으로 완전히 대체될 수 없다.

재생은 주로 휴면하는 동안에 일어나며, 땅의 온도가 상승한다거나 땅이 메마를 때에 활발하다. 한편, 환경 변화와 상관없이 꼬리 부분이 상하거나 잘려서 휴면에 들기도 한다.

꼬리 부분이 재생된 모양

갈색낚시지렁이

붉은줄지렁이

염주위지렁이

염주위지렁이

염주위지렁이 표본

빠른 속도로 회복하는 상처

인간과 지렁이

01

친환경 농법

충남 당진의 유기농 마늘밭

똥지렁이

똥지렁이 분변토

3년간 화학 비료를 쓰지 않자 똥지렁이가 돌아왔다.

흙이 농사의 성패를 가른다. 작물이 뿌리를 내리는 흙의 상태가 생산성에 영향을 미칠 수밖에 없다. 비료를 써서 일시적으로 토양을 회복시킬 수는 있겠지만 근본적인 해결책은 될 수 없다.

논과 밭, 과수원 토양에는 상상할 수 없을 정도로 다양한 토양동물이 산다. 유기물질 순환에 매우 중요한 역할을 하는 그들은 서로 밀접하게 연관되어 있다. 때로는 서로 돕기도 하고 피식자와 포식자 관계로도 만난다. 이런 토양동물 가운데 지렁이는 면적당 개체 수는 적은 편이다. 그러나 다른 토양동물에 비해 훨씬 크기 때문에 유기물질 순환 기여도는 매우 높다.

찰스 다윈은 토양생태계에서 토양 형성과 비옥도를 유지하는 데에 지렁이가 가장 큰 영향을 끼친다고 했다. 지렁이가 끊임없이 돌아다니며

엄청나게 많은 흙을 헤집고, 굴을 만들면서 공기 흐름과 물 빠짐을 원활하게 한다. 또한 쌓인 부엽물질을 분해해 흙과 잘 섞으면서 유용한 미생물을 운반하기도 한다. 그래서 지렁이가 사는 땅에서는 작물이 흡수할 영양분이 늘어나고 병해충 발생도 억제된다.

지렁이가 토양 비옥도를 유지하는 데에 매우 중요한 존재라는 것을 알 수 있는 사례를 하나 소개한다. 2007년 강원도 정선의 한 오이 재배 비닐하우스에서 지렁이 개체군을 조사한 일이 있다. 당시 이곳은 3년 전부터 화학 비료와 살충제를 사용하지 않으면서 오이를 재배해 왔는데, 다른 농가에 비해 수확량과 품질이 탁월했다. 지렁이 개체군을 조사해 보니 모두 7종이 있었고, 개체 수도 무척 많았다. 산림 지역의 토양생태계와 비교해도 뒤지지 않는 상태였으니 지렁이가 농사를 짓고 있었다 할 만하다.

화학 비료나 살충제를 쓰지 않고 땅의 비옥도를 높이면서 병해충도 방지하며 농사짓는 방식이 지렁이농법이다. 화학 비료와 살충제를 쓰지 않으면 지렁이는 더욱 늘어나 자연스레 병해충 발생이 줄고 수확량도 늘어난다. 비용도 줄고 흙의 건강성도 유지하며 친환경 농산물을 얻는 방식이다.

2007년 조사한 강원도 정선의 오이 재배지

육안으로 지렁이가 있음을 알 수 있는 흔적들

02

산업

농림부는 2004년 2월에 지렁이를 가축으로 지정했으며, 여러 농가에서 사육하고 있다. 현재는 규모가 크지는 않지만 국내외에서 다양하게 사육되어 활용되고 있다. 지렁이 산업은 농업적 이용, 환경공학적 이용, 의약학적 이용으로 구분할 수 있다.

농업적 이용은 대부분 낚시용 미끼와 분변토 생산이 목적으로, 가장 단순한 형태의 1차 산업 단계이다. 농가에서 나오는 가축 배설물 등으로 사육하며, 이에 대한 폐기물 처리 비용도 받고, 생산한 지렁이를 판매한다. 분변토 사용이 활발해져 앞으로 분변토를 활용한 친환경 농법이 더욱 발전해야 한다.

환경공학적 이용은 지렁이를 유기성 폐기물 처리에 활용하는 것이다. 지렁이는 하루에 자기 몸무게만큼 먹을 수 있다. 이런 특성을 수돗물을 정화하고 남은 침전물, 음식물 쓰레기, 축산 분뇨 같이 사회적으로 문제가 되는 유기성 폐기물 처리에 이용하는 방식이다. 활용 가능성이 높아서 국내외에서 다양한 연구가 이루어지고 있다.

최근 지렁이의 몇 가지 단백질 및 효소의 기능이 밝혀지면서 이를 의약학 측면에서 개발하려고도 한다. 실험 재료로는 주로 줄지렁이나 붉은줄지렁이를 이용한다. 의약품 및 건강보조식품 개발, 한약 및 화장품 재료 활용성 등에 관한 연구가 진행되고 있다.

가축 배설물을 분해해 자연으로 되돌린다.

사육 농장

우리나라 사육 농장과 주된 먹이인 가축 배설물

인도 솔란(Solan) 지역의 사육

중국 상해 농가의 실내외 사육

미얀마 사육

쿠바 사육 농장(유기 종자 생산에 이용)

사육장

먹이를 주고자 부식시키는 과정

사육장 내부에서 수분을 공급하는 모습

생산된 분변토

분변토를 이용한
유기 종자 생산

다양한 활용

분변토를 이용한 버섯 재배(베트남 호치민)

지렁이 사육 및 분변토 생산과 보관(미국, 아이오와)

닭 먹이용

가정용 음식물 처리용

지자체에서 보급한 음식물 처리용 사육 용기

한약재(중국)

03

환경 변화의 척도

한반도는 오랜 기간 온대 기후였지만, 지구 온난화가 진행되면서 점차 아열대성 기후로 변하고 있다. 남쪽에서는 아열대성 작물을 재배한다. 이러한 변화는 외래종이 정착하면서 고유종을 밀어내어 종다양성을 단순화시키는 결과로 이어지는데, 지렁이도 예외가 아니다. 한반도는 동일 면적의 다른 국가와 비교해 볼 때 생물상이 비교적 풍부하며, 많은 고유종이 서식한다. 특히 지렁이는 다른 생물군에 비해 토착종 및 고유종 비율이 높으나, 1930~1960년대에 쉽게 보았던 많은 종을 지금은 찾을 수 없다.

어느 지역의 오염도를 측정할 때 화학적 방법을 쓸 수도 있지만, 지렁이를 맨눈으로 관찰하는 것도 방법이다. 특히 토양의 오염 정도를 파악할 때는 더욱 유용하다. 심하게 오염된 지역에서는 몸 전체에 병원균이 퍼진 지렁이를 쉽게 볼 수 있기 때문이다. 연한 피부에 보이는 곰팡이 포자로 토양 오염을 확인할 수 있다. 지렁이를 오염도에 따른 건전성을 측정하는 생물지표종으로 활용할 수 있는 이유다.

환경이 잘 보전된 지역에서는 다른 곳에서 찾을 수 없는 고유종을 볼 수 있다. 고유종 출현을 양호한 환경의 척도로 연관시켜 볼 수도 있다.

병원균이 드러나 보이는 오염된 지렁이

04

낚시

인간이 먹을거리를 얻었던 가장 오래된 방법은 사냥이며, 그중 하나가 낚시다. 낚시에 가장 많이 쓰는 미끼가 바로 지렁이다. 현장 조사를 나가서 땅을 헤집고 있으면 지나던 사람들 대부분은 지렁이를 잡아 낚시하려는 것이냐고 묻는다. 외국에서도 다르지 않아서 북미, 아프리카, 동남아시아에 이르기까지 똑같은 질문을 받는다. 어느 지역을 방문하든 흥미가 있는 사람이면 누구나 지렁이로 낚시를 한다. 어린아이들조차도 그 지역 어디에 가면 지렁이를 찾을 수 있는지를 잘 알며, 또 지렁이를 쉽게 찾고 잡는다.

붉은줄지렁이. 낚시용으로 많이 판매되는 대표 종이다.

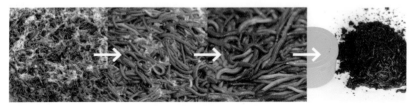

낚시용으로 많이 판매되는 대표 종인 붉은줄지렁이를 낚시용으로 선별하는 과정

갯지렁이(강화도). 바다낚시에 주로 쓴다.

큰 물고기를 잡으려면 큰 지렁이, 작은 물고기를 잡으려면 작은 지렁이가 필요하다. 바다와 민물에서 쓰는 종류도 다르지만, 공통점은 튼튼한 지렁이를 쓸수록 물고기를 유인하는 데에 효과적이라는 점이다. 찌에 매달린 지렁이가 활발히 움직일수록 물고기를 낚을 확률이 높아지기 때문이다. 요즘에는 낚시에 알맞은 지렁이를 배송해 주기도 하고, 지렁이 모조품을 만들어 팔기도 한다.

적당히 수분이 있는 곳의 돌 밑, 썩은 나무 속, 낙엽 같은 유기물이 쌓여 있는 곳을 찾는다. 울창한 숲에서는 유기물이 축적된 그늘진 곳, 나무줄기, 커다란 난초나 양치류 같은 착생식물 주변도 주의 깊게 살핀다. 비 내린 직후나, 비 오는 날에는 지표면에서도 지렁이를 쉽게 발견할 수 있다.

지렁이를 찾을 때는 표면에서 20×30cm 정도 구역을 설정한 뒤에 손으로 낙엽과 흙을 조심스럽게 분리하며 지렁이를 찾는다. 지렁이가 끊어지거나 상처가 나지 않도록 흙을 큰 덩어리로 떼어 내는 것이 좋다. 흙 속에 있는 지렁이를 끌어당기면

빠르게 움직이기 때문에 손에 놓고 조심스레 다룬다.

쉽게 끊어지므로 흙을 조금씩 털어 낸다. 눈에 띄지 않을 정도로 아주 작은 지렁이도 있으므로 섬세하게 작업한다.

정량 채집을 할 때는 목적에 맞게 조사구를 정하며, 25×40cm 정도가 적당하다. 각 조사구에서 채집한 표본은 각각 보관, 고정, 계수, 동정하고 몸무게를 확인한다. 한 지역의 개체군 크기를 측정하고자 할 때는 5×5m 조사구를 무작위로 5~10개를 만들면 적당하다.

채집할 때 필요한 장비는 모종삽이나 호미 같은 땅을 팔 도구, 랜턴, 10배율 정도 돋보기, 칼, 운반통, 보관통, 지퍼백, 핀셋, 채집노트, GPS, 알코올(75%), 포르말린(10%), 물 등이다. 운반통은 뚜껑을 달을 수 있는 작은 플라스틱 상자가 좋고 보관통도 플라스틱 상자가 요긴하다. 지퍼백은 구하기 쉽고 작업하기도 편

채집한 지렁이를 유리병에 보관했다.

한데, 큰 지렁이는 지퍼를 열고 탈출할 수 있을 만큼 힘이 세기 때문에 입구를 잘 막아야 한다. 온도가 높은 날에는 채집한 지렁이가 끊어지거나 녹아 흐물흐물해지기 전에 서둘러 알코올과 포르말린을 써서 고정한다.

야외에서 지렁이를 관찰할 때 10배율 정도 돋보기가 있으면 유용하다. 우선 개체의 환대를 살핀다. 환대가 잘 만들어진 지렁이라면 다 자란 상태이므로 종 동정에 필요한 모든 형태 요소를 갖춘 것으로 보면 된다.

실내에서 세밀히 관찰할 때는 30배율 이상 현미경을 사용한다. 관찰하기 전에 내·외부 기관들이 변형되지 않도록 지렁이를 고정(표본)해야 하며, 지렁이를 포르말린 용액에 넣으면 색이 변하기 때문에 살아 있을 때 색깔을 미리 기록해 둔다.

유전자 분석이 필요할 때는 조직이 신선하게 유지되도록 채집 즉시 99% 알코올에 보관하며 그로부터 24시간이 지나기 전에 다시 99% 알코올로 바꾸어 준다. 장기간 보관해야 할 때는 알코올에 충분히 담근 상태로 온도 변화가 작은 냉동고(-20℃)에 넣어 둔다.

표본 만드는 순서
❶ 깨끗한 물로 씻는다.
❷ 75% 알코올 용액에 서서히 담근다.
❸ 움직이지 않으면 75% 알코올 용액에서 꺼낸다.
❹ 평평한 용기에 일직선이 되도록 편다.
  (환대 앞 부위가 굽는 종도 있는데, 이때는 무리하게 펴지 않는다)
❺ 반듯하게 편 지렁이를 용기에 담고 10% 포르말린 용액을 몸체가 충분히 잠기도록 붓는다.
❻ 1~2일 뒤 포르말린 용액에 담겨 있던 표본을 깨끗한 물로 씻는다.
❼ 밀폐 용기의 75% 알코올 용액으로 옮긴 뒤 보관한다.

살아 있을 때 색깔과 크기, 모양을 기록한다.

운반통에 넣는다.

고정하기 전에 물로 씻는다.

알코올에 담근다.

현장에서 종류별로 1차 동정한다.

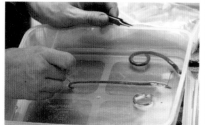

일직선이 되도록 핀으로 고정한다.

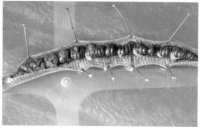

고정한 뒤에 내부기관을 관찰하고자 해부한다.

한반도 대표 고유종

농사짓는 지렁이

한반도 대표 외래종

멸종위기 지렁이

희귀 지렁이

우리나라 지렁이

참지렁이

Amynthas koreanus (Kobayashi, 1938)

한반도 대표 고유종

국내 분포: 전국

세계 분포: 한국

성체. 두엄(경남 하동, 2006.8.23.)

형태 길이 85~110mm, 지름 4.2~4.5mm이다. 등면은 갈색, 배면은 연한 노란색이다. 마디 수는 87~105개다. 강모는 6번 마디에 43~46개, 20번 마디에 43~52개, 숫생식구멍 사이에 18~24개 있다. 등구멍은 12/13번 절간에서부터 시작하고, 가끔 11/12번 절간에서부터 있기도 하다. 환대는 14~16번 마디 사이에 있고, 강모는 보이지 않는다.

암생식구멍은 지름 0.5mm 정도인 타원형으로 14번 마디에 있다. 숫생식구멍은 18번 마디 측면에 있고 편평한 삼각형이며 표면이 약간 경화되어 있다. 저장낭구멍은 보통 5/6번 또는 6/7번 절간에 있으며, 개체마다 변이가 심하다. 저장낭은 6번과 7번 마디에 있다.

서식처 농생태계 우점종이며, 사람들 출입이 잦은 산림 지역 토양에서도 관찰된다. 한반도 전 지역에 서식하며, 동시에 많은 개체가 발견되기도 한다.

참고 우리나라 고유종이며, 현재 채집되는 고유종 중에서 가장 형태 변이가 심하다. 특히 개체에 따라서 숫생식구멍이 나타나기도 하고, 나타나지 않기도 한다. 숫생식기도 좌측 또는 우측에만 나타나기도 하고, 양측 모두 없기도 하다. 저장낭구멍이 5/6번 또는 6/7번 절간에 2쌍, 1쌍 또는 없기도 하며, 때로는 좌측 또는 우측에만 비대칭적으로 나타나기도 한다.

성체. 낙엽층
(전북 부안, 2018.7.25.)

미성체(전북 부안, 2018.5.31.)

저장낭구멍과 숫생식기 변이(전남 완도, 2010.8.11.)
한쪽에만 나타난다.

02 피아골지렁이

Amynthas piagolensis Hong and James, 2001

한반도 대표 고유종

국내 분포: 전남(지리산),
　　　　　전북

세계 분포: 한국

성체(전남 구례, 2011.8.18.)

성체(전남 구례, 2010.8.18.)

| 형태 | 길이 52~98mm, 지름 3.5~5mm이다. 등면은 밝은 적색, 배면은 연한 노란색, 환대는 연한 갈색이다. 마디 수는 58~78개다. 강모는 12번 마디에 48개, 20번 마디에 46개, 숫생식구멍 사이에 13~14개 있고, 크기와 간격이 일정하다. 등구멍은 12/13번 절간에서부터 시작하며, 환대는 14~16번 마디 사이에 있고, 강모는 보이지 않는다. |

암생식구멍은 지름 0.5mm 정도인 단순한 원형으로 14번 마디에 있다. 숫생식구멍은 굳은 원형 마디 상단에서 약간 함입되어 있으며, 측면에 원형 생식돌기가 있다. 저장낭구멍이 6/7번 절간에 있지 않고 6번이나 7번 마디 배면 앞 가장자리에 있으며 밝은 흰색 반점으로 보인다. 생식표지는 없으며, 저장낭은 6번과 7번 마디에 있다.

서식처 비교적 잘 보전된 산림 토양에서 관찰된다.

참고 태백지렁이와 생김새가 비슷하지만 숫생식구멍 형태로 구별된다. 태백지렁이의 생식돌기는 마디 하단에 있지만, 피아골지렁이는 마디 상단에서 약간 함입되어 있다.

머리(전북 순창, 2011.9.9)

배면(전남 구례, 2010.8.18.)

숫생식기 생식표지(전북 순창, 2011.9.9.). 피아골지렁이의 특징이다.

Megascolecidae 지렁이과

03 # 장보고지렁이

Amynthas jangbogoi Hong and James, 2001

성체(전남 완도, 2010.8.11.)

형태   길이 94~117mm, 지름 4.8~5mm이다. 등면은 적갈색, 배면은 연한
노란색이다. 마디 수는 85~102개다. 강모는 7번 마디에 51개, 20번
마디에 54개, 숫생식구멍 사이에 3~8개 있다. 등구멍은 12/13번 절
간에서부터 시작한다. 환대는 14~16번 마디에 있고, 강모는 보이지
않는다.

암생식구멍은 타원형으로 14번 마디에 있다. 숫생식기는 작고 하얀 점으로 돌출되어 볼링 핀처럼 보이며, 18번 마디에 있다. 저장낭구멍은 6번과 7번 마디에 있으며, 생식표지는 없다. 저장낭은 6번과 7번 마디에 있다.

서식처 전남 완도에서 처음 관찰되었고 2001년 신종으로 보고되었다. 최초 발견된 지역 외에 다른 지역에서 채집된 적은 없다. 발견된 숲 일부에 한정해 서식한다.

참고 장보고가 주로 활동했던 완도에서 채집해 국명과 학명에 '장보고'를 붙였다. 대부분 왕지렁이가 마디와 마디 사이에 저장낭구멍이 있지만, 장보고지렁이는 2쌍 모두 6번과 7번 마디가 만나는 지점 부위에 있다. 숫생식기가 볼링 핀 모양이어서 뚜렷하게 구별된다. 한반도 왕지렁이 무리 중에서 형태가 매우 독특한 종이다. 크기도 작고 빠르게 움직이지 않아서 다른 왕지렁이 무리와 함께 있을 때 쉽게 구별되지 않는다.

Megascolecidae 지렁이과

진도지렁이

Amynthas jindoensis Hong and James, 2001

국내 분포: 전남(진도)

세계 분포: 한국

성체(전남 진도, 2010.8.12.)

형태 길이 78~123mm, 지름 4.3~5.2mm이다. 등면은 적갈색, 배면은 연한 노란색이다. 마디 수는 67~105개다. 강모는 7번 마디에 52개, 20번 마디에 61개 있으며, 숫생식구멍 사이에는 없다. 등구멍은 12/13번 절간에서부터 시작한다. 환대는 14~16번 마디에 있고 강모는 보이지 않는다.

암생식구멍은 타원형이며 14번 마디에 있다. 숫생식기는 18번 마디 배 측면에 있고 20번 마디까지 타원형으로 확장된 판 모양이며 경화되어 있다. 저장낭구멍은 6번 마디 아래쪽, 7번 마디 위쪽에 있으며, 생식표지는 없다. 저장낭은 6번과 7번 마디에 있다.

서식처 전남 진도 산림에서 처음 관찰되었고 2001년 신종으로 보고되었으며, 아직 다른 지역에서는 채집된 적이 없다. 지리적 특이성이 매우 강한 듯하다.

참고 진도에서 채집해 국명과 학명에 '진도'를 붙였다. 숫생식기가 타원형 판 모양이어서 다른 종들과 뚜렷하게 구별된다. 저장낭구멍이 6번과 7번 마디에 있는 점은 장보고지렁이와 같지만, 마디 내에서 위치가 달라 쉽게 구별된다. 한반도 왕지렁이 무리 중에서 형태가 매우 독특한 종이다.

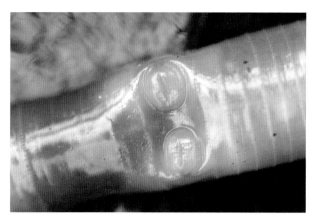

숫생식기
(전남 진도, 2010.8.12.).
진도지렁이의 특징이다.

저장낭구멍
(전남 진도, 2010.8.12.).
생김새가 매우 독특하다.

저장낭구멍과
저장낭 생식표지
(전남 진도, 2010.8.12.).
뚜렷하게 보인다.

생식표지
(전남 진도, 2010.8.12.).
배면 마디 전체에 나타나며
매우 특이하다.

서식지
(전남 진도, 2010.8.12.).
울창한 상록활엽수림에
산다.

05

올빼미지렁이

Amynthas bubonis Hong and James, 2001

한반도 대표 고유종

국내 분포: 경북, 경남,
전북, 전남

세계 분포: 한국

성체(경남 산청, 2007.7.31.)

형태   길이 57~99mm, 지름 3.3~4mm이다. 등면은 적갈색, 배면은 노란색
이다. 마디 수는 64~86개다. 강모는 7번 마디에 43개, 20번 마디에
44개, 숫생식구멍 사이에 13~16개 있고, 간격은 불규칙하다. 등구멍
은 12/13번 절간에서부터 시작한다. 환대는 14~16번 마디에 있고,
강모는 보이지 않는다.

암생식구멍은 지름 0.35mm 정도인 단순한 원형으로 14번 마디에서 약간 함입되었다. 숫생식구멍은 18번 마디 배 측면 쪽 수컷 패치 중앙에 지름 0.3mm 정도로 있으며, 흰색이고, 옆으로 매우 작은 세로 주름이 5~7개 있다. 저장낭구멍은 배면에서 6번과 7번 마디의 앞 가장자리에 있고 5/6, 6/7번 마디와 매우 가깝다. 생식표지는 저장낭구멍 5/6, 6/7, 7/8번 절간 중앙에 있다. 저장낭은 6번과 7번 마디에 있다.

서식처   산림 토양에서 서식한다. 2001년 처음 신종으로 보고된 이후로 경북, 경남, 전북, 전남 등 주로 남부 지방에서 관찰된다.

참고   소백산지렁이와 생김새가 비슷하나, 소백산지렁이는 숫생식기가 콩 모양이고 생식돌기가 한 쌍이지만, 올빼미지렁이는 숫생식기가 둥글고, 생식표지가 저장낭구멍 마디 사이 중앙에 있다.

성체(전북 정읍. 2011.8.)

배면(전북 정읍. 2011.8.)

고정한 표본(경남 산청, 2007.7.31.)

06 산청지렁이

Amynthas sanchongensis Hong and James, 2001

국내 분포: 경남, 전북

세계 분포: 한국

성체(경남 산청, 2010.8.19.)

형태   길이 88~121mm, 지름 5.2~6.5mm이다. 등면은 갈색, 배면은 연한 노란색이며, 환대는 커피색이다. 마디 수는 78~98개다. 강모는 7번 마디에 53개, 20번 마디에 48개, 숫생식구멍 사이에 14~18개 있다. 등구멍은 12/13번 절간에서부터 시작한다. 환대는 14~16번 마디에 있고, 강모는 보이지 않는다.

암생식구멍은 지름 0.8mm 정도인 단순한 타원형이다. 숫생식구멍은 넓은 원뿔 모양으로 뚜렷하게 돌출되었고, 18번 마디 배 측면 가장자리에서부터 생식구멍 꼭대기까지 초승달 모양 홈이 있다. 저장낭구멍은 6/7, 7/8번 절간에 있으며, 생식표지는 저장낭구멍 부근에 있다. 저장낭은 7번과 8번 마디에 있다.

서식처 잘 보전된 산림 토양에서 관찰된다. 2001년 처음 신종으로 보고된 이후로 지리산 만복대(전북)와 경남 산청 두 지점에서만 발견되었다.

참고 지리산지렁이와 비슷하지만, 숫생식구멍과 생식표지가 다르다. 산청지렁이는 지리산지렁이보다 숫생식구멍과 생식표지가 작고, 저장낭 주위 형태가 뚜렷하지 않아서 쉽게 구별된다. 크기도 뚜렷하게 차이가 난다. 빠르게 이동한다.

미성체(경남 산청, 2010.8.19.)

배면(경남 산청, 2010.8.19.)

크기 비교(경남 산청, 2010.8.19.)

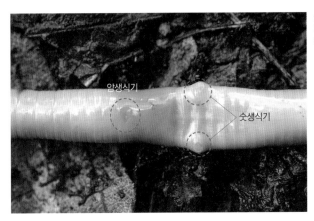

숫생식기와 암생식기
(경남 산청, 2010.8.19.).
숫생식기가 독특하다.

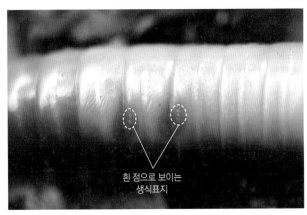

저장낭구멍과 생식표지
(경남 산청, 2010.8.19.)

돌출된 숫생식구멍
(경남 산청, 2010.8.19.).
측면에서 보면 뚜렷하게
돌출되었다.

07

버섯무늬지렁이

Amynthas boletiformis Hong and James, 2001

한반도 대표 고유종

국내 분포: 전남,
전북(일부)

세계 분포: 한국

성체(전남 장성, 2010.9.3.)

형태 길이 61~86mm, 지름 3.5mm이다. 등면은 갈색, 배면은 연한 노란
색, 환대는 커피색이다. 마디 수는 68~84개다. 강모는 7번 마디에 45
개, 20번 마디에 42개, 숫생식구멍 사이에 14~15개 있다. 등구멍은
12/13번 절간에서부터 시작한다. 환대는 14~16번 마디에 있으며,
강모는 보이지 않지만 등구멍은 가끔 보이기도 한다.

암생식구멍은 지름 0.4mm 정도인 단순한 원형 또는 타원형이다. 숫생식구멍은 18번 마디 배 측면 가장자리에 있고, 마디 가운데에 지름 0.15mm 정도인 함입된 흰색 원형에 있어 구멍이 마치 검은 점처럼 보인다. 저장낭구멍은 배면 가장자리 부근 6/7, 7/8번 절간에 있다. 생식표지는 지름 0.05~0.1mm이고, 주변이 어두우며, 8번 마디 또는 7/8번 절간에 쌍으로 있거나 없다. 생식돌기는 마디 앞쪽에 지름 0.1mm 크기 구멍으로 있다. 저장낭은 7번과 8번 마디에 있다.

서식처 산림 토양에서 관찰된다. 2001년 처음 신종으로 보고된 이후로 전남과, 전북 일부 지역에서 발견된다.

참고 왕지렁이 종류 전체에서 숫생식기 주위 생식돌기 모양이 매우 특이해 구별된다.

성체. 이동(전남 장성, 2010.9.3.)

환대(전남 장성, 2010.9.3.)

등구멍(전남 장성, 2010.9.3.)

내장(전남 장성, 2010.9.3.)

선운산지렁이

Amynthas fasciiformis Hong and James, 2001

성체(전북 정읍, 2011.9.8)

형태 길이 62~87mm, 지름 4.4mm이다. 등면은 밝은 갈색이며 배면은 누르스름하다. 마디 수는 68~92개다. 강모는 7번 마디에 47개, 20번 마디에 48개, 숫생식구멍 사이에 16~17개 있으며, 크기와 간격이 일정하다. 등구멍은 12/13번 절간에서부터 시작한다. 환대는 14~16번 마디에 있고, 강모는 보이지 않지만 등구멍은 보인다.

140

암생식구멍은 14번 마디에 있으며, 지름 1mm 정도인 타원형 주변에 지름 0.4mm 정도인 흰색 구멍으로 나타난다. 숫생식구멍은 18번 마디 배 측면 가장자리에 있고, 작고(지름 0.2mm) 어두운 생식돌기와 가깝다. 저장낭구멍은 작고 흰 렌즈 모양으로 보이며, 7번 마디 앞에서부터 6/7, 7/8번 절간에 있고, 8번 마디에서는 가운데 측면에 있다. 생식표지는 7번 마디에 9~13개, 8번 마디에 10~13개 있으며, 지름 0.4mm 정도로 매우 작은 타원형이 무더기로 있는 모양이다.

서식처 산림 토양에서 관찰된다. 전북 선운산에서 처음 관찰되었고 2001년에 신종으로 기록되었다.

참고 리기지렁이(*A. righii*)와 생김새가 비슷하지만 마디 앞쪽에 위치한 생식돌기, 숫생식구멍 주변 형태와 생식표지 위치가 달라 쉽게 구별된다. 리기지렁이의 생식돌기와 수컷 패치는 저장낭구멍과 생식표지처럼 같은 지점에 있다. 선운산지렁이에서 더 많은 생식돌기와 생식표지가 나타난다.

배면(전북 정읍, 2011.9.8.)

숫생식기와 생식돌기(전북 정읍, 2011.9.8)

141

09

내장산지렁이

Amynthas naejangensis Hong and James, 2001

한반도 대표 고유종

국내 분포: 전북, 전남
세계 분포: 한국

형태 길이 116~153mm, 지름 6.2mm이다. 등면은 밝은 분홍색이고, 배면은 누르스름하며, 환대는 밝은 커피색이다. 마디 수는 96~117개다. 강모는 7번 마디에 12~42개, 20번 마디에 58~64개, 숫생식구멍 사이에 5~11개 있고, 크기와 간격은 일정하다. 등구멍은 12/13번 절간에서부터 시작한다. 환대는 14~16번 마디에 있으며, 강모는 희미한 흔적만 보인다.

암생식구멍은 14번 마디에 있으며 지름 1mm 정도인 단순한 원형이다. 숫생식기는 커다란 달걀처럼 불거진 판 모양이며 측면 끝이 좁다. 각 판은 17/18~18/19번 절간까지 확장된다. 저장낭구멍은 5/6, 6/7번 절간의 중간 측면에 있고, 매우 작아서 잘 보이지 않는다. 생식표지는 없으며, 저장낭은 6번과 7번 마디에 있다.

서식처 산림 토양에서 관찰된다. 내장산에서 처음 발견되었고 2001년에 신종으로 기록되었다.

참고 와룡지렁이(*A. draconis*)와 생김새가 비슷하지만 내장산지렁이가 뚜렷하게 크며, 숫생식기 형태가 달라 쉽게 구별된다. 빠르게 이동한다.

성체(전북 정읍, 1998.6.29.)

서식지 (전남 장성, 2010.9.3.)

팔공산지렁이

Amynthas palgongensis Hong, 2002

10

한반도 대표 고유종

국내 분포: 경북

세계 분포: 한국

성체(대구, 2007.8.22.)

형태   길이 94~120mm, 지름 3.7~4.5mm이다. 등면은 밝은 갈색, 배면은 엷은 노란색이다. 마디 수는 110~115개다. 강모는 7번 마디에 45개, 20번 마디에 55개, 숫생식구멍 사이에 1~4개 있다. 등구멍은 12/13번 절간에서부터 시작한다. 환대는 14~16번 마디에 있으며, 강모는 희미하게 흔적처럼 보인다.

암생식구멍은 지름 0.5mm 정도인 달걀 모양이며 14번 마디에 있다. 숫생식기는 2.1×2.3mm 크기인 판 모양이고, 각 판은 17/18, 18/19번 절간까지 확장되고 경화되어 있다. 저장낭구멍은 3쌍으로 5/6, 6/7, 7/8번 절간에서 6, 7, 8번 마디 끝단에 있고, 각 구멍은 부풀어 있다. 생식표지는 없으며, 저장낭은 6, 7, 8번 마디에 있다.

서식처 산림 토양에서 관찰된다. 팔공산에서 처음 발견된 고유종이다.

참고 와룡지렁이와 생김새가 비슷하나, 숫생식기나 저장낭 모양 등이 뚜렷하게 다르다.

배면(대구, 2007.8.22.)

준성체(대구, 2007.8.22.)

저장낭구멍(대구, 2007.8.22.). 특징이 뚜렷하다.

서식처(대구, 2007.8.22.)

11

하삼리지렁이

Amynthas hasamensis Hong, 2011

한반도 대표 고유종

국내 분포: 강원

세계 분포: 한국

성체(강원 태백, 2007.7.4.)

형태 길이 80~130mm, 지름 5.5~6.5mm이다. 마디 수는 59~109개다. 강모는 7번 마디에 31~35개, 20번 마디에 63~66개 있으며, 숫생식 구멍 사이에는 없다. 등구멍은 12/13번 절간에서부터 시작한다. 환대 는 14~16번 마디에 있으며, 강모는 보이지 않는다.

암생식구멍은 지름 0.8~1mm인 원형이며 14번 마디에 있다. 숫생식기는 조금 복잡한 판 모양이며, 숫생식구멍은 저장낭구멍 끝의 중앙에 있다. 저장낭구멍은 3쌍으로 5/6, 6/7, 7/8번 절간에서 6, 7, 8번 마디의 입술 모양으로 경화된 부분 가까이에 있다. 생식표지는 없으며, 저장낭은 6, 7, 8번 마디에 있다.

서식처 강원도 태백산 인근 배추 재배지에서 처음 발견되었으며 2011년에 신종으로 기록되었다. 채집지는 화전으로 일군 곳으로 사람 왕래가 많다. 이전에 산림 지대 숲이었을 때부터 살던 종이 그대로 지내다가 확인되었다.

참고 삼각이지렁이와 생김새가 비슷하나 크기, 숫생식기 모양 등은 전혀 다르다. 지리적 특이성이 강한 종으로 추정된다. 형태와 서식처가 매우 독특한 우리나라 고유종이다.

배면
(강원 태백, 2007.7.4.)

고정한 등면
(강원 태백, 2007.7.4.).
숫생식기가 옆으로
확장되었다.

숫생식기
(강원 태백, 2007.7.4.)

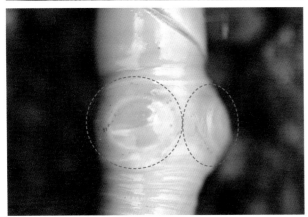

숫생식기 고정
(강원 태백, 2007.7.4.).
고정하면 판 모양
숫생식기가 더 뚜렷하다.

서식처
(강원 태백, 2007.7.4.)

12

삼각이지렁이

Amynthas samgaki Hong, 2011

성체(강원 태백, 2007.7.4.)

형태   길이 77~111mm, 지름 4.5~4.7mm이다. 마디 수는 64~79개다. 강
모는 7번 마디에 24~32개, 20번 마디에 52~63개, 숫생식구멍 사
이에 7개 있다. 등구멍은 12/13번 절간에서부터 시작한다. 환대는
14~16번 마디, 강모는 보이지 않는다.

암생식구멍은 지름 0.6~0.9mm인 원형 또는 타원형이며 14번 마
디에 있다. 숫생식판은 넓은 달걀 모양이며 조금 불거진다. 동심원

인 주머니 서너 개가 숫생식판 측면 끝부분에 있고 숫생식구멍과 2.5~3mm 떨어져 있다. 숫생식구멍은 홈 안쪽 끝에 있다. 저장낭구멍은 5/6번, 6/7번 절간 측면에 있고 아주 작다. 생식표지는 없으며, 저장낭은 6, 7번 마디에 있다.

서식처 강원도 태백산 인근 산림에서 하삼리지렁이와 같은 서식지에서 발견되었으며, 2011년 신종으로 기록되었다.

참고 정소주머니는 10, 11번 마디의 등면에서 합쳐지고, 숫생식판은 인접한 마디로 확장되는 등 내장산지렁이와 비슷한 면이 많다. 숫생식기 생김새가 매우 독특하다.

성체
(강원 태백, 2007.7.4.)

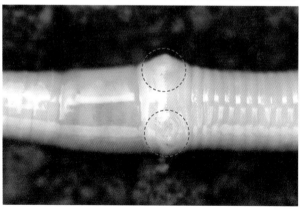

고정
(강원 태백, 2007.7.4.)

13 밭지렁이

Amynthas agrestis (Goto and Hatai, 1899)

농사짓는 지렁이

국내 분포: 전국

세계 분포: 아시아

성체(전남 진도, 2006.7.13.)

성체(전남 해남, 2006.7.14.)

형태 길이 86~158mm, 지름 5~8.5mm이다. 등면은 엷은 갈색이고 배면은 엷은 노란색이다. 마디 수는 71~110개다. 강모는 6번 마디에 42~54개, 20번 마디에 51~66개, 숫생식구멍 사이에 5~8개 있다. 환대는 14~16번 마디 사이에 있고, 강모는 보이지 않는다.

암생식구멍은 14번 마디에 있다. 숫생식기나 구멍은 없으나, 개체에 따라서는 드물게 18번 마디 배면에서 나타나기도 한다. 저장낭구멍은 3쌍으로 5/6, 6/7, 7/8번 절간에 있다. 생식표지는 7번 마디 중앙 또는 양옆에 쌍으로 있다.

서식처 북한을 포함한 한반도 전역의 농생태계와 일부 낮은 산림 지대에서 발견된다. 서식처에 따라 한곳에서 동시에 많은 개체가 채집되기도 한다.

준성체
(전남 해남, 2006.7.14.).
환대 자리가 보인다.

고정. 배면 생식표지
(강원 정선, 2007.7.4.)

이름에서도 알 수 있듯이 다양한 작물 재배지에 많으며, 특히 과수원에 많이 산다. 외무늬지렁이와 크기, 몸 색깔, 발견 장소 및 시기 등이 매우 비슷하며, 외무늬지렁이는 저장낭구멍이 2쌍으로 6/7, 7/8번 절간에 있고, 7번 또는 8번 마디 배면 중앙에 크고 뚜렷한 원형 생식돌기가 있다. 또한 저장낭구멍 주위에 나타나는 생식돌기가 18번 마디의 배 측면에 나타나기도 하고 그렇지 않은 경우도 있다. 개체 변이가 매우 심하다.

등면

배면

*숫생식기가 보이지 않는 개체

14

외무늬지렁이

Amynthas hilgendorfi (Michaelsen, 1892)

농사짓는 지렁이

국내 분포: 전국

세계 분포: 아시아

성체(경남 하동, 2010.8.29.)

형태 길이 85~215mm, 지름 5~9mm이다. 등면은 적갈색, 배면은 엷은
노란색이다. 마디 수는 90~120개다. 강모는 6번 마디에 40~52개,
20번 마디에 50~59개, 숫생식구멍 사이에 17~20개 있다. 환대는
14~16번 마디 사이에 있고 강모는 보이지 않는다.

암생식구멍은 14번 마디에 있다. 숫생식기나 구멍은 없으나, 개체

에 따라서는 드물게 배면에서 보이기도 한다. 저장낭구멍은 2쌍으로 6/7, 7/8번 절간에 있으며, 7번 또는 8번 마디 배면 중앙에 크고 뚜렷한 원형 생식돌기가 있다. 저장낭구멍 주위에 나타나는 생식돌기는 18번 마디의 배 측면에 있기도 하고 없기도 하다.

서식처 북한을 포함한 한반도 전역의 농생태계와 낮은 산림에서 발견된다. 서식처에 따라 한곳에서 많은 개체가 채집되기도 한다.

참고 밭지렁이와 더불어 농생태계 우점종이다. 밭지렁이와 크기, 몸 색깔, 발견 장소, 시기 등이 비슷하지만 밭지렁이는 저장낭구멍이 3쌍으로 5/6, 6/7, 7/8번 절간에 있다. 외무늬지렁이는 저장낭구멍이 6/7, 7/8번 절간에 있지만 8번 마디, 9번 마디에 나타나기도 하는 등 변이가 심하다.

성체와 분변토(경북 울릉, 2014.7.30.)

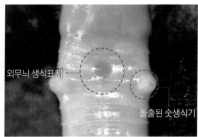

숫생식기(경남 산청, 2008.7.31.)

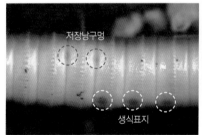

저장낭구멍+생식표지(강원 원주, 2006.8.9.)

배면 중앙에 있는 외무늬 생식표지
(경남 산청, 2008.7.31.)

생식표지(경남 산청, 2008.7.31.)

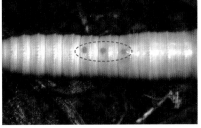

생식표지(강원 원주, 2006.8.9.)

등면 **배면**

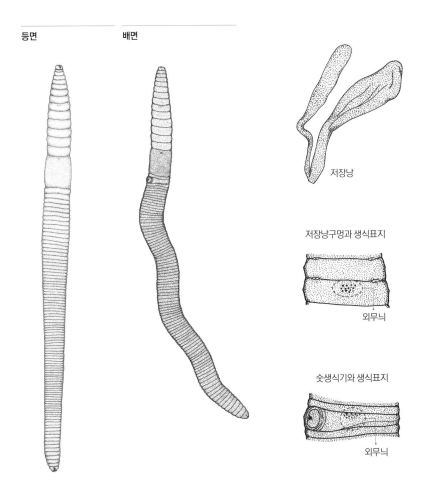

저장낭

저장낭구멍과 생식표지

외무늬

숫생식기와 생식표지

외무늬

155

Megascolecidae 지렁이과

똥지렁이

Amynthas hupeiensis (Michaelsen, 1895)

국내 분포: 전국

세계 분포: 아시아

성체(강원 정선, 2007.7.4.)

형태 길이 72~90mm, 지름 3.8~4.5mm이다. 등면은 짙은 푸른색이다. 마디 수는 92~117개다. 강모는 7번 마디에 107~111개, 20번 마디에 60~80개, 숫생식구멍 사이에 6~13개가 밀집해서 나타난다. 환대는 14~16번 마디 사이에 있고, 강모는 보이지 않는다.

암생식구멍은 지름 0.4~0.5mm인 타원형이며 14번 마디에 있다. 숫생식구멍은 18번 마디 약간 돌출된 부위에 타원형으로 나타난다. 생식돌기 3쌍이 17/18, 18/19번 절간에 원형으로 나타난다. 저장낭구멍은 6/7, 7/8, 8/9번 절간에 있으며 지름 1.4~1.5mm이다. 생식표지는 없으며, 저장낭은 7, 8, 9번 마디에 있다.

서식처 전국의 다양한 작물 재배지와 그 주변 토양에서 주로 발견된다. 번식 기에는 한 번에 많은 개체가 동시에 관찰된다.

참고 형태에 따른 변이가 적은 편이다. 흙 속에 있다가 밖으로 나올 때처럼 갑자기 강한 빛을 받으면 몸을 심하게 꼰다.

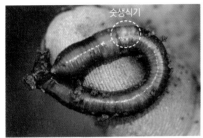

성체(전남 장흥, 2007.7.27.)

성체(전북 부안, 2006.5.20.)

준성체(전북 군산, 2013.6.13.)

미성체(경남 거제, 2015.8.27.)

생식기
(경남 하동, 2006.5.24.)

고정. 등면(충북 청원, 2006.5.17.)

고정. 배면(충북 청원, 2006.5.17.)

등면

배면

16 변이성지렁이

Amynthas heteropodus (Goto and Hatai, 1898)

농사짓는 지렁이

국내 분포: 전국

세계 분포: 아시아

성체(전북 군산, 2013.4.26.)

형태 길이 80~180mm, 지름 3~5mm이다. 등면은 밝은 갈색, 배면은 옅은 갈색이다. 마디 수는 69~112개다. 강모는 5번 마디에 35~41개, 20번 마디에 48개, 숫생식구멍 사이에 14개 있다. 환대는 14~16번 마디에 있고 강모는 보이지 않는다.

암생식구멍은 14번 마디에 있다. 숫생식기는 18번 마디에 있으며 약간 돌출되었다. 저장낭구멍은 4쌍으로 5/6, 6/7, 7/8, 8/9번 절간에 있으며 비교적 변이가 적다. 생식표지는 7~9번 마디에 좌우 쌍으로 있으며, 움푹 들어간 원형이며, 비교적 변이가 적다.

서식처 과수원이나 작물 재배지에서 많이 발견되고, 한 번에 많은 개체가 발견되기도 한다.

참고 가늘고 긴 종이지만 서식지에 따라 크기 차이가 심하다. 산림 생태계에서는 발견되는 일은 드물다.

성체(전남 구례, 2007.5.9.)

머리와 꼬리
(전북 군산, 2013.4.26.)

머리

꼬리

등면

배면

색다른지렁이

Amynthas corticis (Kinberg, 1867)

성체(인천 옹진 백령도, 2008.8.28.)

형태　길이 155~168mm, 지름 6~7.5mm이다. 등면은 진한 갈색, 배면은 회색이다. 마디 수는 99~119개다. 강모는 7번 마디에 34개, 20번 마디는 55~61개, 숫생식구멍 사이에 13개 있다. 환대는 14~16번 마디 사이에 있고 강모는 보이지 않는다.

162

암생식구멍은 지름 0.5mm인 원형이며 14번 마디에 있다. 숫생식구멍은 큰 원형으로 약간 튀어나왔고, 5/6, 6/7, 7/8, 8/9번 절간에 4쌍이 있는데 17/18, 18/19번 절간까지 확장되며, 생식돌기와 함께 나타난다. 생식돌기는 4쌍으로 저장낭구멍 앞쪽에 나타나며, 개체에 따라서 8, 9번 마디에 1개 또는 2개가 있다.

서식처 전국에 분포하지만 한 장소에 서식하는 개체 수는 적다. 토양이 단단한 곳과 오랫동안 경작하지 않아서 잡초가 무성한 곳에서도 보인다.

참고 마디에 나타나는 생식돌기 변이가 매우 심해 지역에 따라 다른 종으로 잘못 알려지는 일이 많다. 전 세계에 분포하지만 학명이 통일되지 않았다. 우리나라 농사짓는 지렁이 중에서 가장 크다.

성체(전남 장흥, 2006.5.25.)

성체(전북 군산, 2015.6.4.)

준성체(강원 정선, 2007.7.4.)

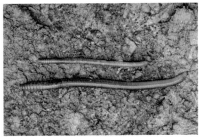

성체와 미성체 고정 비교(강원 정선, 2007.7.4.)

머리(전남 장흥, 2006.5.25.)

환대(강원 정선, 2007.7.4.)

등면

Lumbricidae 낚시지렁이과

줄지렁이

Eisenia fetida (Savigny, 1826)

국내 분포: 전국

세계 분포: 전 세계

성체(충남 보령, 2008.6.11.)

형태 길이 48~95mm, 지름 3~4mm이다. 몸은 적갈색이며 뚜렷한 줄무늬
가 있다. 마디 수는 76~110개다. 강모는 첫 번째 마디를 제외한 모든
마디마다 8개씩 있다. 등구멍은 4/5번 절간에서부터 시작한다. 환대
는 26~32번 마디 사이에 있지만, 개체에 따라서는 24~31번 마디 사
이에 있다.

암생식구멍은 14번 마디에 있으며, 숫생식기는 15번 마디 배 측면 부
풀어 오른 부위에 약간 함몰되어 있다. 저장낭구멍은 작고 2쌍으로
9/10, 10/11번 절간에서 등면에 가까운 배면에 있다.

서식처 전 세계에 분포한다. 국내에서는 농가의 두엄, 하수구 주변에서 쉽게
볼 수 있다. 봄철에 번식력이 왕성하다.

참고 붉은줄지렁이와 혼동하는 종이다. 2종은 내·외부 형질로 구별할 수 없을 정도로 생김새가 비슷하다. 다만 줄지렁이는 마디와 마디 사이의 색깔이 달라서 뚜렷한 줄무늬가 보이는데, 붉은줄지렁이는 큰 차이가 없어서 전체적으로 붉은색을 띤다. 최근 연구에서 줄지렁이와 붉은줄지렁이의 DNA를 비교해 2종이 서로 다른 종임을 확인했다.

성체(경북 상주, 2006.5. 10.)

성체. 시궁창(충남 서산, 2008.6.13.)

성체. 두엄(전남 장흥, 2007.7.23.)

준성체 환대(전북 진안, 2012.4.28.)

이동 중 환대 모습(충남 보령, 2008.6.11.)

등면

배면

붉은줄지렁이

한반도 대표 외래종

국내 분포: 전국

세계 분포: 전 세계

Eisenia andrei Bouchè, 1972

군집(전북 부안, 2018.3.23.)

형태   길이 48~95mm, 지름 2.8~4mm이다. 몸은 적갈색이며 마디와 마디 사이의 경계가 뚜렷하지 않다. 마디 수는 75~98개다. 강모는 첫 번째 마디를 제외한 모든 마디에 8개씩 있다. 등구멍은 4/5번 절간에서부터 시작한다. 환대는 26~32번 마디 사이에 있고, 개체에 따라서는 24(25)~31번 마디에 있다.

암생식구멍은 14번 마디에 있으며, 숫생식기는 15번 마디 배 측면의 가장자리에 있다. 저장낭구멍은 작고, 2쌍으로 9/10, 10/11번 절간의 등구멍 선 부위에 있다. 저장낭은 9, 10번 마디에 있다.

서식처   번식력이 뛰어나서 전 세계 농가에서 많이 사육한다.

참고   줄지렁이와 많이 혼동하나, 국내 농가에서 사육하는 종은 대부분 붉은줄지렁이다.

준성체(전북 부안, 2018.3.23.)　　　　미성체(전북 부안, 2018.3.23.)

배면
(전북 부안, 2018.3.23.)

짝짓기
(전북 부안, 2018.3.23.)

알집
(전북 부안, 2018.3.23.)

20 갈색낚시지렁이

Aporrectodea trapezoides (Dugès, 1828)

국내 분포: 전국

세계 분포: 전 세계

성체(전북 부안, 2013.4.18.)

성체(전북 군산 선유도, 2013.4.26.)

형태   길이 80~115mm, 지름 3.6~4.3mm이다. 등면은 밝은 갈색이나 회색, 배면은 노란색이다. 마디 수는 85~145개다. 강모는 8개이며 서로 인접해 있고 규칙적이다. 첫 번째 등구멍 위치는 불규칙하게 나타나지만, 보통 10/11번 절간에 있다. 환대는 말안장 모양이며 27~34번 마디에 있다.

암생식구멍은 14번 마디의 측면 B에 있다. 숫생식구멍은 15번 마디의 배면 AB와 AB 사이에 있으며, 14~16번 마디는 부풀어 있다. 생식결절은 세로 밴드 모양으로 31~33번 마디의 B와 C 사이에 있다. 생식돌기는 9~11, 24, 30, 32번 마디 AB 주위에 나타나며, 드물게 34번 마디에서도 보인다. 저장낭구멍은 9/10, 10/11번 절간의 C에 있는데 뚜렷하지 않다.

서식처   전 세계에 분포한다. 농촌의 퇴비 더미, 정원, 경작지, 숲에서 보이고, 때로는 동굴에서도 산다.

참고   국내 전역에 분포한다. 다른 낚시지렁이속(*Aporrectodea*)의 종과 혼동되어 왔다. 특히 장미줄지렁이(*Aporrectodea caliginosa*)와는 분류학적으로 논란이 있다. 낚시 미끼로 쓴다.

성체(정선, 2007.7.4.)

성체. 배면(인천 강화, 2013.5.3.)

171

미성체(전북 군산, 2013.4.26.)

미성체. 배면(전북 군산, 2013.4.26.)

알집(인천 강화, 2013.5.3.)

서식지(인천 강화, 2013.5.3.)

배면

Lumbricidae 낚시지렁이과

21 안장띠낚시지렁이

Bimastos parvus (Eisen, 1874)

국내 분포: 전국

세계 분포: 전 세계

성체(강원 태백, 2007.7.4.)

형태 길이 25~53mm, 지름 1.2~1.7mm이다. 등면은 밝은 분홍색이다. 마디 수는 92~105개다. 강모는 8개이고 서로 근접해 있으며 규칙적이다. 등구멍은 4/5, 5/6번 절간에서부터 시작한다. 환대는 말안장 모양으로 24, 25~30번 마디에 있다. 암생식구멍은 14번 마디 측면 B에 있으며, 숫생식구멍은 15번 마디 배면의 B와 C에 나타난다. 생식결절과 생식돌기는 나타나지 않는다.

서식처 전 세계 다양한 지역에서 발견되며, 국내에서도 넓게 분포한다. 새로 개간한 지역이나 환경이 나쁜 곳에서도 보이고, 비닐하우스에서 연중 관찰된다.

참고 국내 농생태계에 사는 종 가운데 가장 작고, 서식지에 따라서는 한 번에 많은 개체가 발견되기도 한다. 환대 부위가 살짝 굽어 있다.

성체(경남 남해, 2006.5.24.)

이동 중인 성체(전북 무주, 2020.3.28.)

표본(경남 남해, 2006.5.24.)

표본. 미성체(경남 남해, 2006.5.24.)

표본(강원 태백, 2007.7.4.)

표본(충남 청양, 2008.6.12.)

배면

동방염주위지렁이

Drawida japonica (Michaelsen, 1892)

22

한반도 대표 외래종

국내 분포: 전국

세계 분포: 동아시아

성체(강원 태백, 2007.7.4.)

형태　길이 70~93mm, 지름 2.8~3mm이다. 숫생식구멍은 7/8번 절간 배면에서 뚜렷하게 나타난다. 2차 숫생식구멍은 한 쌍으로 10/11번 마디 배면에 있고, 강모 사이의 너비보다 조금 넓다. 생식표지는 7~11번 마디 사이에 있다.

서식처　염주위지렁이 종류는 아시아에 많이 분포하며, 특히 인도, 중국, 베트남에 많다. 습기가 많은 부엽토 층에서 관찰된다.

참고　지리적 특성 또는 서식처에 따라서 강한 우점 현상을 보인다. 인천 옹진 백령도 야산에서는 동방염주위지렁이 한 종만 발견되기도 했다. 시골에서 '청지렁이'라고 부르는 종류가 염주위지렁이 무리다.

성체(강원 태백, 2007.7.4.)

성체(강원 태백, 2007.7.4.)

고정(강원 태백, 2007.7.4.)

23

팔딱이지렁이

Perionyx excavatus Perrier, 1872

성체(경기 고양, 2019.7.31.)

형태 길이 78~139mm, 지름 2.8~3.5mm이다. 등면은 갈색이고 배면은 노란색이다. 마디 수는 118~171개다. 강모는 5번 마디에 40~49개, 20번 마디에 41~46개 있으며, 숫생식구멍 사이에는 없다. 등구멍은 4/5 또는 5/6번 절간에서부터 시작한다. 환대는 13~17번 마디 사이에 있고, 강모와 등구멍이 보인다.

암생식구멍은 14번 마디에 있다. 숫생식기는 18번 마디 배면 중앙에 다소 함몰되어 있다. 저장낭구멍은 2쌍이며 7/8, 8/9번 절간에 있다. 저장낭은 8, 9번 마디에 있다.

팔딱이지렁이(아래)와 붉은줄지렁이(위) 비교(경기 고양, 2019.7.31.). 사육 시설에서 2종이 동시에 관찰되었다.

서식처 농가에서 주로 발견되며, 붉은줄지렁이와 함께 사육된다. 산림에서는
발견되지 않는다.

참고 '팔딱팔딱' 뛴다고 해서 '팔딱이'라는 이름을 붙였다. 숫생식기가 배면
중앙에 있다.

배면

숫생식기

지리산지렁이

Amynthas jirensis (Song and Paik, 1971)

멸종위기 지렁이

국내 분포: 전남, 전북,
충남(계룡산)

세계 분포: 한국

성체(전북 정읍, 2011.9.7.)

형태 길이 110~165mm, 지름 6~9mm이다. 등면
은 갈색, 배면은 등보다 밝은 갈색이다. 마디 수
는 90~105개다. 강모는 8번 마디에 65개, 20
번 마디에 63개, 숫생식구멍 사이에 22개 있
다. 환대는 14~16번 마디 사이에 있고 강모는 보이지 않는다.
암생식구멍은 타원형이며 14번 마디에 있다. 숫생식기는 18번 마디
배 측면에서 돌출되었고, 숫생식구멍은 함몰되어 있다. 저장낭구멍은
6/7, 7/8번 절간에 있다. 생식표지는 7번, 8번 마디에 뚜렷하게 있으
며, 저장낭은 7, 8번 마디에 있다.

서식처 산림에 서식하며, 서식처가 매우 제한적이다.

참고 1971년 지리산에서 채집되어 신종으로 기록되었다. 현재 우리나라에서 발견되는 고유종 가운데 큰 편에 속한다. 지리산을 중심으로 남부지방과 충남(계룡산)에서 관찰되고 있으나, 개체 수가 점점 줄어들고 있다. 저자는 1998년 7월 말 백암산(전남 장성)에서 짝짓기 장면을 직접 관찰했다. 두 개체가 서로 단단하게 결합된 상태에서 1시간 넘게 떨어지지 않았다. 양성 생식의 증거로 생식 표지가 잘 발달했다.

성체(전북 정읍, 2011.9.7.)

준성체(전남 변산, 2018.7.25.). 환대 자리만 보인다.

준성체(전남 장성, 2010.9.3.). 환대 자리만 보인다.

머리(전남 장성, 2010.9.3.)

배면(전남 완도, 2010.8.11)

저장낭구멍 패치(전남 장성, 2010.9.3.). 매우 독특한 모습이다.

저장낭구멍

숫생식기

고정. 저장낭구멍+숫생식기(전남 진도, 2010.8.12.)

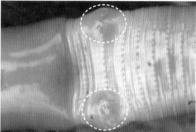

숫생식기(전남 진도, 2010.8.12)

미성체 생식기. 고정(전남 변산, 2018.7.25.). 미성체이지만 숫생식기가 있다. 숫생식기가 특징적이기 때문에
미성체이더라도 쉽게 알아볼 수 있다.

25 성판지렁이

Amynthas seungpanensis (Song and Paik, 1970)

멸종위기 지렁이

국내 분포: 제주(한라산)

세계 분포: 한국

등면(제주 성판악, 2019.8.30.). 등면에서 봤을 때 숫생식기가 뚜렷하게 좌우로 돌출했다.

형태 길이 105~120mm, 지름 5~6mm이다. 등면
은 밝은 갈색 또는 불그스름한 갈색이고 배면
은 누르스름한 회색이다. 마디 수는 78~98개
다. 강모는 13번 마디에 67개, 20번 마디에 63개 있으며, 숫생식구
멍 사이에는 없다. 등구멍은 12/13번 절간에서부터 시작한다. 환대는
14~16번 마디 사이에 있고, 강모는 보이지 않는다.
암생식구멍은 단순하고 14번 마디에 있다. 숫생식구멍은 18번 마디
둘레의 강모선, 즉 17/18, 18/19번 절간에 있다. 숫생식기는 원형이
며 측면으로 융기했고, 부분적으로 17번 마디와 19번 마디까지 확장

된다. 숫생식판 중앙에 숫생식구멍과 작은 돌기가 원형으로 보인다. 저장낭구멍은 6, 7번 마디에 있는데, 6번 마디 후단은 6/7번 절간에 가깝고, 7번 마디 전단은 6/7번 절간 뒤에 있다. 생식돌기는 없다.

서식처 사람들 출입이 적은 산림에 서식하며, 제주도 한라산 일부 지점에서만 확인되었다. 서식지가 제한되어 있어 매우 보기 어려운 고유종이다. 저자는 2019년 8월, 집중 호우가 온 뒤에 성판악 인근에서 짝짓기 장면을 관찰했다.

참고 다른 왕지렁이 종과는 저장낭구멍과 숫생식구멍 형태가 뚜렷하게 다르다.

배면(제주 성판악, 2019.8.30.). 좌우로 넓어진 숫생식구멍이 매우 특징적이다.

짝짓기(제주 성판악, 2019.8.30.). 관찰하기가 쉽지 않다.

서식처(제주 성판악, 2019.8.30.)

26

소백산지렁이

Amynthas sopaikensis (Song and Paik, 1973)

멸종위기 지렁이

국내 분포: 충북(소백산)

세계 분포: 한국

성체(충북 단양, 1997.8.8.)

형태　길이 68~102mm, 지름 4~5mm이다. 등면은 적갈색, 배면은 푸른 빛 도는 갈색이며, 환대는 진한 갈색이다. 마디 수는 60~85개다. 강모는 8번 마디에 68~56개, 20번 마디에 54~56개, 숫생식구멍 사이에 4~12개 있다. 등구멍은 12/13번 절간에서부터 시작한다. 환대는 14~16번 마디에 있으며, 강모는 보이지 않는다.

암생식구멍은 지름 0.6~0.9mm인 원형 또는 타원형이다. 숫생식구멍은 18번 마디 배 측면 강모선에 있고, 약간 내려앉았다. 숫생식기는 콩 모양으로, 불완전한 주름 몇 개가 있어 주변과 구별된다. 생식표지는 18번 마디에 쌍으로 있거나 다양한 모양으로 작고 흐릿하게 나타난다. 저장낭구멍은 5/6, 6/7번 절간에 있다. 저장낭은 6, 7번 마디에 있다.

서식처　사람들 출입이 적은 산림에 서식한다. 지금까지 소백산에서만 관찰되었으며 찾기가 매우 어려운 종이다.

참고　올빼미지렁이와 생김새가 비슷하다. 다만 소백산지렁이는 숫생식기가 뚜렷한 콩 모양이고, 누에고치 모양 생식표지가 쌍으로 있지만, 올빼미지렁이는 숫생식기가 둥글고 중심에 숫생식구멍이 있으며, 생식표지는 저장낭구멍 사이 중앙에 있는 점이 다르다.

27

구천지렁이

Amynthas gucheonensis (Song and Paik, 1970)

국내 분포: 경남(거제),
　　　　　충북, 강원

세계 분포: 한국

성체(경남 거제, 2001.8.22.)

형태　길이 105~125mm, 지름 6~7mm이다. 등
　　　　면은 연한 붉은색이고 배면은 노란색이다.
　　　마디 수는 83~101개다. 강모는 6번 마디에 57~64개, 20번 마디에
　　　65~82개, 숫생식구멍 사이에 16~28개 있다. 환대는 14~16번 마디
　　　사이에 있고, 강모는 보이지 않는다.
　　　암생식구멍은 타원형이며 14번 마디에 있다. 숫생식구멍은 18번 마
　　　디 배 측면에 있고 원형으로 굳어 보인다. 암생식구멍과 숫생식구멍

성체(경남 거제, 2015.8.27.)

주위로 생식표지가 나타난다. 저장낭구멍은 6/7, 7/8번 절간에 있고, 저장낭은 7, 8번 마디에 있으며, 생식표지는 7, 8번 마디 전단 저장낭 구멍 가까이에 있다.

서식처　거제도, 소백산 및 강원도 일부 지역 산림에서만 서식한다. 한 번에 적은 수가 관찰된다.

참고　1970년 거제도에서 처음 관찰되어 신종으로 보고된 한국 고유종이다. 환대 주변이 매우 선명한 선홍색이다. 생식표지가 다양하게 나타나지만 형태 형질이 비교적 안정된 편이다.

점박이지렁이

희귀 지렁이

Amynthas multimaculatus Hong and Lee, 2001

국내 분포: 전북

세계 분포: 한국

성체(전북 부안, 2018.7.25.)

형태   길이 56~97mm, 지름 4.3mm이다. 등면은 적갈색이고 배면은 노란
색, 환대는 불그스름한 갈색이다. 마디 수는 69~92개다. 강모는 7번
마디에 53개, 20번 마디에 58개, 숫생식구멍 사이에 14~18개 있고,
간격은 일정하다. 등구멍은 12/13번 절간에서부터 시작한다. 환대는
14~16번 마디에 있고, 강모는 보이지 않는다.

암생식구멍은 지름 0.5mm 정도인 단순한 타원형으로 14번 마디에
있다. 숫생식기는 8번 마디에 있으며, 원형으로 약간 함입된 수컷 패
치 중심에 흰색 숫생식구멍이 있다. 17, 19번 마디는 18번 마디가
확장되어 짧아진다. 저장낭구멍은 6/7, 7/8번 절간에 있고, 저장낭
은 7, 8번 마디에 있다. 생식돌기는 18번 마디에 0~8개, 19번 마디
에 0~13개, 20번 마디에 0~13개 있다. 생식표지는 배면의 11~15번
마디 중심에 있으며, 개수가 적어지면서 크기는 넓어져 11번 마디에
0~3개, 12번 마디에 2~40개, 13번 마디에 10~40개, 14번 마디에
2~14개, 15번 마디에 0~13개 있다.

서식처   산림에 서식하며, 관찰하기가 쉽지 않다.

참고   속리산지렁이(*A. songnisanensis*)와 생식표지 생김새가 비슷하지만, 점
박이지렁이는 14~15번 마디에서도 생식표지가 나타나는 점이 다르
다. 점 같은 생식표지가 특징이어서 점박이지렁이라고 이름을 지었다.

꼬마지렁이

Amynthas susakii (Kobayashi, 1936)

성체(전남 구례, 2011.9.15.)

형태 길이 44~64mm, 지름 3mm이다. 등면은 노란 갈색이고 환대는 진한 갈색이다. 마디 수는 81~92개다. 강모는 7번 마디에 39~42개, 20번 마디에 44~46개, 숫생식구멍 사이에 4~6개 있다. 등구멍은 12/13번 절간에서부터 시작한다. 환대는 14~16번 마디에 있고, 강모는 보이지 않는다.

암생식구멍은 단순하며 14번 마디에 있다. 숫생식구멍은 18번 마디의 강모선에 있다. 배 모양 숫생식판은 대각선으로 뒤쪽과 안쪽의 끝이 좁으며, 구멍은 융기하지 않았고, 가장자리가 두껍다. 저장낭구멍은 6/7, 7/8번 절간에 있고, 각 구멍은 작고 넓적하다. 저장낭은 7, 8번 마디에 있다.

서식처 사람 출입이 적은 산림에서 주로 서식한다.

참고 처음에는 애꼬마지렁이 아종으로 기록되었으나 서로 별개 종이다. 몸길이, 강모 배열 방식, 저장낭, 전립선 등의 형태가 비슷하나 숫생식판 형태가 다르다.

성체(전북 무주, 2020.7.26.)

서식지
(전남 구례, 2011.9.15.)

30

애꼬마지렁이

Amynthas patinus (Kobayashi, 1936)

희귀 지렁이

국내 분포: 전북, 경남
세계 분포: 한국

성체(전북 부안, 2018.5.20.)

성체(경남 하동, 2010.8.19.)

형태 길이 33~50mm, 지름 3mm이다. 등면은 연한 갈색, 환대는 어두운 갈색이다. 마디 수는 99~102개다. 강모는 7번 마디에 39~42개, 20번 마디에 44~46개, 숫생식구멍 사이에 4~6개 있다. 등구멍은 12/13번 절간에서부터 시작한다. 환대는 14~16번 마디에 있고, 강모는 보이지 않는다.

암생식구멍은 단순하며 14번 마디에 있다. 숫생식구멍은 18번 마디의 강모선에 있고, 각 구멍에는 C자 또는 톱니 같은 홈이 있으며, 가장자리가 솟아 있다. 각 홈의 끝은 앞쪽에 있다. 저장낭구멍은 6/7, 7/8번 절간에 있고, 저장낭은 7, 8번 마디에 있다.

서식처 사람 출입이 적은 산림에 주로 서식한다. 동시에 채집되는 개체수도 매우 적다.

참고 크기도 작고, 지리적 격리가 심해 관찰하기가 어렵다. 꼬마지렁이와는 숫생식판 형태가 다르다.

숫생식기
(경남 하동, 2010.8.19.).
숫생식판이 특징적이다.

고정
(경남 하동, 2010.8.19.)
크기가 작아서 현장에서
알아보기가 어렵다.

31

덕유산지렁이

Amynthas deogyusanensis Hong and James, 2001

국내 분포: 전북(덕유산)

세계 분포: 한국

성체(전북 무주, 2020.9.20.) ⓒ Mitochondrial DNA Part B

형태   길이 102~110mm, 지름 5~5.7mm이다. 등
면은 분홍빛이 도는 갈색, 환대는 밝은 갈색
이다. 마디 수는 104~106개다. 강모는 6번 마디에 6~7개, 7번 마디
에 14~18개, 20번 마디에 59개, 숫생식구멍 사이에 8~11개 있다.
등구멍은 12/13번 절간에서부터 시작한다. 환대는 14~16번 마디에
있고, 강모는 보이지 않는다.

암생식구멍은 지름 0.7mm이며, 달걀 모양으로 약간 함몰되었고, 14
번 마디에 있다. 숫생식판은 끝이 좁은 물방울 같고, 체벽 높이보다
위로 올라가 있으며, 중앙 축에는 대각선 정액 홈이 있다. 숫생식기는

단단한 숫생식판 안에 있는 정액 홈의 중앙 끝에서 융기되어 있다. 저장낭구멍은 5/6번 절간과 가까운 6번 마디와 6/7번 절간과 가까운 7번 마디에 있으며, 작고 편평하지만 약간 높은 곳에 있어 눈에 띈다. 생식표지는 6, 7번 마디 등 쪽 측면에 있으며, 황토색으로 뚜렷하게 나타난다.

서식처 지리적 격리가 심하며, 사람 출입이 적은 산림의 낙엽층과 토양에 주로 서식한다. 덕유산에서 처음 발견된 고유종이며, 현재 덕유산에서만 관찰된다.

참고 숫생식기 모양, 저장낭구멍 위치, 생식표지 특징이 다른 우리나라 왕지렁이 종류와 뚜렷이 달라 구별된다. 크기는 중형이며, 비교적 빠르게 이동한다.

환대
(전북 무주, 2020.9.20.)
ⓒ Mitochondrial DNA
Part B

서식지
(전북 무주, 2020.9.20.)

가가줄지렁이

Eisenia gaga Blakemore and Park, 2012

희귀 지렁이

국내 분포: 전남, 전북

세계 분포: 한국

성체(변산 선운제, 2018. 4. 26.)

형태 길이 80~105mm이며, 등면은 노란 갈색이다. 마디 수는 124~162
개다. 등구멍은 4/5번 절간에서부터 시작한다. 환대는 희미하며
25~31번 마디에 있는데, 간혹 30번 마디에서 보이기도 한다. 암생
식구멍은 14번 마디, 숫생식구멍은 15번 마디에 있다. 저장낭구멍은
9/10, 10/11번 절간에 있다. 저장낭은 원형이며 9, 10번 마디에 있다.

서식처 산림에 주로 서식하지만 일반 토양에서도 발견된다.

참고 지리적 격리가 심해 관찰하기 어렵다. 이름의 '가가'는 아름답다는 뜻
으로, 첫 채집지인 가거도에서 따왔다. 줄지렁이 무리는 유럽이 원산
지이고, 유럽 쪽에서 많이 보고된다. 그런데 가가줄지렁이는 독특하
게 우리나라, 그것도 가거도에서 신종 보고되었다. 생물지리학적으로
흥미로운 지점이다.

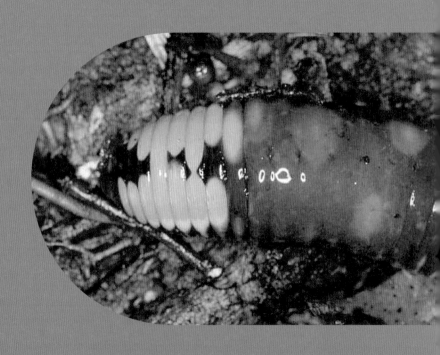

지구촌 특이한 지렁이

청지렁이

Megascolecidae sp.

필리핀 루손섬에서 만난 청지렁이

일생을 땅속에서만 생활하는 지렁이는 몸에 색소가 없어서 흰색이나 우윳빛을 띠며, 지렁이 대부분이 이런 종류다. 반면 지표면을 돌아다니는 지렁이는 몸에 색깔이 나타난다. 2001년 필리핀 루손섬 남부 바나우산 인근에서 채집한 청지렁이는 온통 푸른빛이고 빛이 피부를 통과할 것 같이 몸이 투명했다. 왕지렁이 종류로, 사진 속 개체는 아직 환대가 발달하지 않은 어린 개체다. 몇 개월 더 지나야 완전히 자란다.

얼룩말지렁이

Megascolecidae sp.

필리핀 루손섬에서 만난 얼룩말지렁이

우리나라 농촌의 두엄에서 쉽게 볼 수 있는 줄지렁이도 마디마다 줄무늬가 있는 것처럼 보인다. 필리핀 루손섬 남부 비콜에서 만난 얼룩무늬지렁이는 줄지렁이보다 훨씬 크고, 더 선명한 줄무늬가 있었다. 왕지렁이에 속하는 종류이며, 환대가 완성된 성체다. 힘차게 이동한다.

독지렁이
Amynthas sp.

흙 속에 있다 나온 모습

몸이 검은빛인 지렁이는 드물지만, 2008년 라오스 중부에 있는 산(Phou Koob Mountain)에서 채집한 독지렁이는 온몸이 검었다. 왕지렁이 종류로, 몸길이가 약 80cm나 되었고, 지름도 커서 지렁이가 맞는지 의심스러울 정도였다. 현지 사람들은 사람을 죽일 수 있는 독을 지닌 지렁이로 알고 있었지만, 독을 지닌 지렁이는 없다. 사람을 무는 이빨이 있는 지렁이도 없다. 이 지렁이 또한 독지렁이라고 이름을 붙였지만 독은 없다.

마을 사람들이 이 지렁이가 사람을 죽인다고 믿게 된 이유가 있다. 옛날에 마을에서 멀리 떨어진 산으로 일을 나섰던 이웃이 하룻밤이 지나도 돌아오지 않자 마을 사람들이 찾아 나섰는데, 그는 천막 안에서 누운 그대로 죽어 있었다. 시신을 옮기고 그가 밤에 습기가 올라오지 못하도록 깔았던 풀 더미를 치우자 이 지렁이가 나왔고, 그때부터 마을 사람들은 이 지렁이 때문에 천막 속 이웃이 죽은 것이라고 굳게 믿었다.

준성체

다리에 붙인 지렁이

숫생식기

저장낭구멍

이 지렁이가 사람을 죽인 것이 아니라고 설명해 주었으나 사람들은 믿지 않는 눈치여서 지렁이가 다리를 타고 올라오게 해서 해롭지 않다는 것을 보여 주자 조금 믿는 듯했다. 지렁이는 당연히 사람 다리를 오를 수는 있지만 자연에서 체온이 있는 사람 다리를 오르는 일은 거의 없다. 2018년 다시 이 마을을 방문했을 때, 주민 대부분은 지렁이에 독이 없다는 것을 믿었지만 일부 주민은 그래도 여전히 이 지렁이를 무서워했다. 그래서 지금도 산에서 잘 때는 지표면에서 어느 높이 정도 거리를 두고 잠을 잔다고 한다.

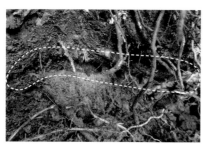
크기만큼 굴도 크다.

굴 속 분변토 덩어리도 크다.

서식처

꽃무늬지렁이

Archipheretima middletoni

머리 부위 배면 ⓒ Sam James

꽃처럼 생긴 무늬가 나타나는 지렁이도 있다. 다만 이런 무늬는 일시적인 현상이나 개체 변이로 보는 것이 바람직하다. 필리핀 오로라주의 국립공원에서 채집한 이 지렁이는 전 세계 어디에서도 발견되지 않고, 오직 이 장소 같은 시기(4월 중순)에만 나타났다.

흰 무늬 안에 노란 무늬가 있어 화려하다. ⓒ Sam James

메콩자이언트지렁이

Amynthas mekongianus

메콩강. 긴 개체는 사람 키를 훌쩍 넘는다.

메콩자이언트지렁이

토양 속에 사는 지렁이는 길이가 보통 5~10cm이고 긴 종은 20~30cm인데, 1m가 넘는 지렁이가 있다. 인도차이나반도의 메콩강 유역에 사는 메콩지렁이다. 길이가 약 1m, 지름 8mm이며, 마디는 370개에 이른다. 숲이나 초지, 경작지에는 살지 않고 메콩 강가를 따라서 산다. 1922년 처음 보고되었으며, 현지에서는 돼지나 닭 먹이로 주거나 낚시 미끼로 쓴다.

강줄기를 따라서 좁쌀처럼 생긴 분변토를 셀 수 없이 배설하며, 강가 전체를 분변토가 뒤덮기도 한다. 우기나 우기 직후에는 더 많은 개체를 만날 수 있다. 물속에서 살지만 토양 속에서 사는 종과 많이 다르지는 않으며, 강모가 크게 발달한 편이다. 특히 꼬리 부분에 있는 강모로 물속에서 산소를 흡수한다.

물속에 얽혀 있는 지렁이를 채집할 때는 가늘고 길기 때문에 끊어지지 않도록 조심스럽게 당겨야 한다.

강가에 보이는 수많은 분변토

강가 분변토

드나드는 구멍

6

버마자이언트지렁이

Tonoscolex birmanicus

성체. 위쪽에 분변토와 드나드는 구멍이 보인다.

미성체

칸도지 가든 숲속에서는 버마자이언트지렁이 분총을 더욱 쉽게 볼 수 있다.

지금까지 아시아에서 알려진 가장 긴 지렁이는 버마자이언트지렁이(*Tonoscolex birmanicus*)로 2m가 넘는다. 메콩지렁이는 태국과 미얀마의 메콩강 유역에 폭넓게 퍼져 살지만, 버마자이언트지렁이는 미얀마 중북부 만달레이의 칸도지 가든과 그곳의 일부 지역에서만 발견된다.

1927년 미국인 연구자 게이츠(Gates)가 신종으로 보고했고, 마을 가까운 숲과 잔디밭처럼 사람들이 자주 오가는 곳에서 발견되는 점이 특이하다. 우기(7~10월)에는 잔디에서 쉽게 분변토를 볼 수 있으며, 새벽에 깊은 땅속에서 나와 지표면을 돌아다니기도 한다. 참고로 이 종이 보고될 당시에는 미얀마가 아니라 버마였다.

분변토 상층부에서 꼬리 부분을 잡고 있는 모습. 채집은 이렇게 시작한다.

칸도지 가든 마을에서 태어나고 자란 후딘페. 현재 완벽하게 버마자이언트지렁이를 채집할 수 있는 유일한 사람이다.

211

7

뱀지렁이

Megascolecidae sp.

머리 앞쪽에 환대가 뚜렷하다.

필리핀 산안드레스(San Andres)에서 이 지렁이를 처음 만났을 때는 지렁이인지 알아보지도 못했다. 뱀을 만난 듯했다. 낙엽 틈에 널브러져 있었는데, 아마도 먹이를 찾다가 사람이 나타나자 놀라서 숨을 죽이고 있었던 듯하다. 너무나 특이한 지렁이를 쉽게 만난 것을 행운이라 생각하며 채집한 다음, 서둘러 표본을 만들려고 산을 내려오는 길에 배낭에서 탈출해 버렸다. 겨우 사진 한 장 찍은 것이 다여서 아쉬움이 많이 남는다.

마다가스카르자이언트지렁이

Kynotus giganteus

길이가 2m에 이른다. 다섯 명이 한 마리를 들고 있는 모습

마다가스카르 남동쪽 해안도시 파라파낭가(Farafangana) 부근에만 사는 자이언트지렁이(*Kynotus giganteus*)는 길이가 약 2m로, 지금까지 아프리카에서 발견된 지렁이 중 가장 길다. 워낙 길기 때문에 민첩하지는 못하다.

마다가스카르 수도 안타나리보에서 차를 타고 이틀을 달려 파라파낭가에 도착한 뒤에 다시 차로 2~3시간 내륙으로 들어가면 나오는 지역, 딱 그 장소에만 산다. 아직 왜 이 지렁이가 그곳에만 사는지는 아무도 모른다.

이 지렁이를 채집하려면 물기가 촉촉하게 남아 있는 신선한 분총을 찾아야 한다. 대부분 분총 밑 토양 속에 있기 때문이다. 지렁이 크기만큼 분총 크기도 어마어마하다. 마치 소똥 같다. 마다가스카르의 우기는 11월에서 이듬해 3월까지로, 이때는 분총을 쉽게 찾을 수 있다. 운이 좋으면 분총 밑 흙을 파기 시작해 1~2시간이면 찾을 수 있지만, 때로는 4~5시간을 훌쩍 넘기기도 한다. 아프리카는 우기 중이라도 맑은 날에는 햇빛이 매우 강하기 때문에 새벽에 땅을 파기 시작해서 해가 완전히 떠오르기 전에 마치는 것이 좋다.

이 지렁이가 속한 무리인 Kynotidae는 전 세계에서 오직 마다가스카르에만 서식한다. 생물지리학적으로 매우 흥미로운 무리다.

거대한 분총

채집한 지렁이

거대한 통로이자 굴. 방금 전 지렁이가 빠져나갔다.

채집 장면

분총이 얼마나 촉촉한지를 보고 파헤칠 곳을 정한다.

물기가 남아 있으면 아직 지렁이가 있다는 표시다.

모습을 드러낸 지렁이

참고문헌

홍용. 2014. 뽕나무 경작지의 남방계 지렁이 분포. 환경생물. 32: 263-269.

홍용, 김태흥. 2007. 농생태계 서식하는 지렁이 종 분포조사. 환경생물. 25: 88-93.

홍용, 김태흥. 2007. 시설재배지(오이 비닐하우스)의 지렁이 개체군. 환경생물. 25: 100-106.

Blakemore RJ, Csuzdi CS, Ito MT, Kaneko N, Paoletti MG, Spiridonov SE, Uchida T, Van Praagh BD. 2007. *Megascolex* (*Promegascolex*) *mekongianus* Cognetti, 1922 - its extent, ecology and allocation to *Amynthas* (Clitellata/Oligochaeta: Megascolecidae). Opuscula Zoologica Budapest, 36: 19-30.

Chen Z, Zhou C, Yuan X, Xiao S. 2019. Death march of a segmented and trilobate bilaterian elucidates early animal evolution. Nature, 573: 412-415.

Chin K, Pearson D, Ekdale AA. 2013. Fossil worm burrows reveal very early terrestrial animal activity and shed light on trophic resources after the end-Cretaceous mass extinction. Plos one, 8: 1-8.

Csuzdi C, Koo J, Hong Y. 2022. The complete mitochondrial DNA sequences of two sibling species of lumbricid earthworms, *Eisenia fetida* (Savigny, 1826) and *Eisenia andrei* (Bouché, 1972) (Annelida, Crassiclitellata): comparison of mitogenomes and phylogenetic positioning. Zookeys, 1097: 167-181.

Darwin, C. 1881. The formation of vegetable mould, through the action of worms, with observations on their habits. Murray, London.

Dózsa-Farkas K, Felföldi T, Nagy H, Hong Y. 2018. New enchytraeid species from Mount Hallasan (Jeju Island, Korea) (Enchytraeidae, Oligochaeta). Zootaxa, 4496: 337-381.

Dózsa-Farkas K. 2019. Enchytraeids of Hungary (Annelida: Clitellata: Enchytraeidae). Pedozoologica Hungarica, No. 7. pp. 226.

Dózsa-Farkas K, Nagy H, Felföldi T, Hong Y. 2019. *Decimodrilus*, a new enchytraeid genus from Korea (Annelida, Clitellata, Enchytraeidae). Zootaxa, 4661: 385-399.

Gates GE. 1927. Notes on a new species of *Notoscolex* with a list of the earthworms of Burma. The Annals and Magazine of Natural History, including Zooloogy, Botany and Geology. London, 9: 609-615.

Gates GE. 1972. Burmese earthworms. An introduction to the systematics and biology of megadrile oligochaetes with special reference to Southeast Asia. Transactions of the American Philosophical Society, 62: 1-326.

Hong, Y. 2000. Taxonomic review of the family Lumbricidae (Oligochaeta) in Korea. The Korean Journal of Systematic Zoology, 16: 1-13.

Hong Y. 2007. Some new earthworms of the genus *Amynthas* (Oligochaeta: Megascolecidae) with male discs from Bogildo Island, Korea. Revue suisse de Zoologie, 114: 721-728.

Hong Y. 2011. Two new species of *Amynthas* (Clitellata: Megascolecidae) from lettuce fields of Mt. Taebaek, Korea. Revue suisse de Zoologie, 118: 223–230.

Hong Y, An CH, Kim TH. 2006. Redescription of *Amynthas hupeiensis* (Michaelsen, 1895) with DNA barcoding data. Korean Journal of Soil Zoology, 11: 106–109.

Hong Y, James SW. 2001. New species of Korean *Amynthas* Kinberg, 1867 (Oligochaeta, Megascolecidae) with two pairs of spermathecae. Revue suisse de Zoologie, 108: 65–93.

Hong Y, James SW. 2009. Some new Korean Megascolecidae earthworms (Oligochaeta). Journal of Natural History, 43: 1229–1256.

Hong Y, James SW. 2013. Three new earthworm of the genus *Amynthas* (Clitellata: Megascolecidae) from Mt. Chiak National Park, Korea. Zootaxa, 3646: 075–081.

Hong Y, Kim TH, Na YE. 2001. Identity of two earthworms used in vermiculture and vermicomposting in Korea: *Eisenia andrei* and *Perionyx excavatus*. The Korean Journal of Systematic Zoology, 17: 185–190.

Hong Y, Kim TH. 2002a. Three new earthworms of the genus *Amynthas* (Megascolecidae) from Mt. Gyeryong, Korea. Revue suisse de Zoologie, 109: 483–489.

Hong Y, Kim TH. 2002b. Four new earthworms of the genus *Amynthas* (Oligochaeta : Megascolecidae) from Korea. Korean Journal of Biological Science, 6: 195–199.

Hong Y, Lee WK. 2001. Description of three new Korean earthworms of the genus *Amynthas* Kinberg, 1867 (Oligochaeta, Megascolecidae) with multiple genital markings. Revue suisse de Zoologie, 108: 283–290.

Hong Y, Lee WK, Kim TH. 2001. Four new species of the genus *Amynthas* Kinberg (Oligochaeta: Megascolecidae) from Korea. Zoological Studies, 40: 263–268.

James, S. 2009. Revision of the earthworm genus *Archipheretima* Michaelsen (Clitellata : Megascolecidae), with descriptions of new species from Luzon and Catanduanes Islands, Philippines. Organisms Diversity & Evolution, 9: 244.e1–244.e16.

Kim MJ, Hong Y. 2022. Complete mitochondrial genome of the earthworm *Amynthas seungpanensis* (Clitellata: Megascolecidae). Mitochondrial DNA Part B, 7: 989–991.

Kobayashi S. 1934. Three new Korean earthworms belonging to the genus *Pheretima*, together with the wider range of the distribution of *Pheretima hilgendorfi* (Michaelsen). Journal of the Chosen Natural History Society, Keijo, 19: 1–11.

Kobayashi S. 1936. Earthworms from Koryo, Korea. Scientific Reports of Tohoku Imperial University, Tokyo, 11: 139–184.

Kobayashi S. 1937. Preliminary survey of the earthworms of Quelpart Island. Scientific Reports of Tohoku Imperial University, Tokyo, 11: 333–351.

Kobayashi S. 1938. Earthworms of Korea I. Scientific Reports of Tohoku Imperial University, Tokyo, 3: 89–170.

Kobel-Lamparski A, Lamparski F. 1987. Burrow constructions during the development of *Lumbricus badensis* individuals. Biology and Fertility of Soils, 3: 125–129.

Koo J, Hong Y. 2023. The complete mitochondrial genome of the Korean endemic earthworm *Amynthas deogyusanensis* (Clitellata: Megascolecidae). Mitochondrial DNA Part B, 8: 107–109.

Razafindrakoto M, Csuzdi Cs, Blanchart E., 2011. New and little known giant earthworms from Madagascar (Oligochaeta: Kynotidae). African Invertebrates, 52: 285–294.

Sims RW, Easton EG. 1972. A numerical revision of the earthworm genus *Pheretima* auct. (Megascolecidae: Oligochaeta) with the recognition of new genera and an appendix on the earthworms collected by the Royal Society North Borneo Expedition. The Biological Journal of the Linnean Society, London, 4: 169–268.

Song MJ, Paik KY. 1969. Preliminary survey of the earthworms from Dagelet Isl., Korea. Korean Journal of Zoology, 12: 13–21.

Song MJ, Paik KY. 1970a. Earthworms from Chejoo-do Island, Korea. Korean Journal of Zoology, 13: 9–14.

Song MJ, Paik KY. 1970b. On a small collection of earthworms from Geo-je Isl., Korea. Korean Journal of Zoology, 13: 101–111.

Song MJ, Paik KY. 1971. Earthworms from Mt. Jiri, Korea. Korean Journal of Zoology, 14: 192–198.

Song MJ, Paik KY. 1973. Earthworms from Mt. Sopaik, Korea. Korean Journal of Zoology, 16: 5–12.

찾아보기